高等院校应用型系列教材

嵌入式系统原理及应用项目化教程

主　编　陈群英

副主编　徐　进　严亚宁　王心妍

西安电子科技大学出版社

内 容 简 介

本书基于 STM32F103RCT6 芯片，采用"项目导向，任务驱动"的编写思路，由浅入深、系统地介绍了嵌入式系统的基本原理和应用开发的方法。本书共 8 个项目、15 个任务，分别介绍了点亮一个 LED灯，流水灯、数码管显示、蜂鸣器、呼吸灯、串行通信、模数转换以及显示屏控制等的设计与实现，将知识、技能融合于任务完成过程。

本书可作为应用型本科院校电子信息类专业嵌入式系统课程的教材，也可作为广大智能电子产品制作爱好者的自学用书。

图书在版编目(CIP)数据

嵌入式系统原理及应用项目化教程 / 陈群英主编. —西安：西安电子科技大学出版社，2023.4(2025.1 重印)
ISBN 978-7-5606-6697-6

Ⅰ. ①嵌…　Ⅱ. ①陈…　Ⅲ. ①微型计算机—系统设计—高等学校—教材
Ⅳ. ①TP360.21

中国版本图书馆 CIP 数据核字(2022)第 206274 号

策　　划　刘百川
责任编辑　马晓娟
出版发行　西安电子科技大学出版社(西安市太白南路 2 号)
电　　话　(029)88202421　88201467　　　　　邮　　编　710071
网　　址　www.xduph.com　　　　　　　　电子邮箱　xdupfxb001@163.com
经　　销　新华书店
印刷单位　广东虎彩云印刷有限公司
版　　次　2023 年 4 月第 1 版　2025 年 1 月第 3 次印刷
开　　本　787 毫米×1092 毫米　1/16　印 张　14.5
字　　数　341 千字
定　　价　39.00 元
ISBN 978 - 7 - 5606 - 6697 - 6
XDUP 6999001-3
如有印装问题可调换

前　　言

党的二十大报告提出要加快建设高质量教育体系。高等教育体系在教育体系中具有引领性、先导性作用，在加快建设高质量教育体系中应走在时代前列。高等教育教材作为高等教育体系的重要组成部分也要符合高质量教育体系建设的要求。本书的编写以习近平新时代中国特色社会主义思想为指导，以建设中国特色社会主义实际需要为导向，以培养热爱祖国，拥护中国共产党的领导，掌握中国特色社会主义理论体系的德才兼备的复合型、职业型、创新型人才为目标。

本书主要讲解 STM32 的基本原理以及基于开发工具 RealView MDK KEIL5 的软件调试开发，通过由浅入深的介绍，引领读者步入 ARM 嵌入式系统开发的大门。整个教程从 KEIL5 软件环境的使用，STM32 芯片接口控制器的详解，到基于固件函数库的软件设计，硬件调试等，贯穿 ARM 嵌入式系统开发的整个过程。完整地学习本书，可以全面地掌握 ARM 嵌入式应用开发与调试技术，了解 ARM 处理器的相关开发"内幕"。

本书以实际项目为主线，连贯多个知识点，每个项目均由若干个具体的典型任务组成，每个任务均将相关知识和基本技能融合在一起，把知识、技能的学习融入到任务完成的过程中。任务均是一个完整的嵌入式系统实际工作过程，既拉近了教学与实践需求之间的距离，又兼顾了知识的系统性和完整性，便于读者了解从设计到产品的完整过程。

本书基于 STM32F103RCT6 芯片，共有 8 个项目 15 个任务，采用"项目导向、任务驱动"的编写模式，突出"做中学"的基本理念，主要介绍嵌入式系统的基本概念、基本知识，嵌入式应用系统的编程入门以及用 C 语言进行程序设计、运行、调试等内容。

本书建议教学学时数为 48~64 学时，其中项目 1 为 4~6 学时，项目 2~项目 7 为 6~8 学时，项目 8 为 8~10 学时。

本书为西安培华学院立项自编教材。西安润美材料技术有限公司陈辉先生对本书的编写提供了宝贵的参考意见和相关课程资源；参加本书电路调试、程序调试、校对等工作的还有西安培华学院卢奕冰、杨树蔚，在此一并表示衷心感谢！

本书可作为电子、通信、自动化、计算机等专业"嵌入式系统"课程的教材，也可作为嵌入式系统相关工程技术人员的参考书。

由于时间仓促，书中难免存在一些不足之处，欢迎大家指正。

作者邮箱：150444@peihua.edu.cn

作　者

2022 年 12 月

目　　录

项目 1　点亮一个 LED 灯 1

1.1　嵌入式 ARM 处理器 STM32 1

1.1.1　嵌入式系统概述 1

1.1.2　ARM 处理器 1

1.1.3　Cortex-M3 概览 2

1.1.4　CM3 与基于 CM3 的微控制器 3

1.1.5　初识 STM32 4

1.2　任务 1　搭建开发环境 7

1.2.1　安装 RealView MDK 7

1.2.2　安装 USB 转串口的驱动 11

1.2.3　了解开发板的功能及使用方法 11

1.3　任务 2　使用寄存器点亮一个 LED 灯 15

1.3.1　硬件设计 15

1.3.2　软件设计 15

1.3.3　工程编译与调试 22

举一反三 23

项目 2　流水灯控制设计与实现 24

2.1　STM32 存储器映射 24

2.1.1　存储器分块 24

2.1.2　外设地址映射 25

2.2　认识 STM32 固件库 28

2.3　任务 3　使用库函数点亮流水灯 30

2.3.1　创建库函数工程模板 30

2.3.2　认识 STM32 的 GPIO 37

2.3.3　使用 GPIO 库函数点亮流水灯 42

举一反三 48

项目 3　数码管显示控制设计与实现 49

3.1　STM32 的时钟系统 49

3.1.1　STM32 时钟树 49

3.1.2　时钟配置函数 51

3.2　STM32 位带操作 58

　　　3.2.1　位带操作介绍 ……………………………………………………… 58
　　　3.2.2　位带区与位带别名区地址转换 ………………………………… 59
　　　3.2.3　在 C 语言中使用位带操作 …………………………………… 61
　　3.3　任务4　使用位操作点亮流水灯 …………………………………… 61
　　　3.3.1　硬件设计 ……………………………………………………… 61
　　　3.3.2　软件设计 ……………………………………………………… 61
　　3.4　SysTick 定时器 ……………………………………………………… 65
　　　3.4.1　SysTick 定时器介绍 …………………………………………… 66
　　　3.4.2　SysTick 定时器操作 …………………………………………… 66
　　　3.4.3　软件设计 ……………………………………………………… 67
　　3.5　任务5　数码管显示控制 …………………………………………… 70
　　　3.5.1　LED 数码管介绍 ……………………………………………… 70
　　　3.5.2　LED 数码管的工作原理 ……………………………………… 72
　　　3.5.3　硬件设计 ……………………………………………………… 74
　　　3.5.4　软件设计 ……………………………………………………… 75
　　举一反三 ……………………………………………………………………… 79
项目4　蜂鸣器控制设计与实现 ………………………………………………… 80
　　4.1　中断介绍 …………………………………………………………… 80
　　　4.1.1　中断概念 ……………………………………………………… 80
　　　4.1.2　NVIC 介绍 …………………………………………………… 84
　　　4.1.3　中断优先级 …………………………………………………… 85
　　　4.1.4　中断配置 ……………………………………………………… 86
　　4.2　任务6　按键控制 …………………………………………………… 86
　　　4.2.1　按键介绍 ……………………………………………………… 86
　　　4.2.2　硬件设计 ……………………………………………………… 87
　　　4.2.3　软件设计 ……………………………………………………… 87
　　　4.2.4　工程编译与调试 ……………………………………………… 90
　　4.3　任务7　蜂鸣器控制 ………………………………………………… 91
　　　4.3.1　蜂鸣器介绍 …………………………………………………… 91
　　　4.3.2　硬件设计 ……………………………………………………… 92
　　　4.3.3　软件设计 ……………………………………………………… 92
　　　4.3.4　工程编译与调试 ……………………………………………… 94
　　4.4　任务8　外部中断控制 ……………………………………………… 94
　　　4.4.1　外部中断介绍 ………………………………………………… 94
　　　4.4.2　EXTI 配置步骤 ……………………………………………… 99
　　　4.4.3　硬件设计 ……………………………………………………… 101
　　　4.4.4　软件设计 ……………………………………………………… 102

4.4.5 工程编译与调试 104

举一反三 105

项目5 呼吸灯控制设计与实现 106

5.1 定时器介绍 106

5.1.1 通用定时器简介 106

5.1.2 通用定时器结构框图 106

5.1.3 通用定时器配置步骤 116

5.1.4 定时器中断 119

5.2 任务9 用定时器实现PWM控制 122

5.2.1 PWM简介 122

5.2.2 STM32F1 PWM介绍 123

5.2.3 通用定时器PWM输出配置步骤 126

5.2.4 硬件设计 130

5.2.5 软件设计 130

5.2.6 工程编译与调试 132

举一反三 133

项目6 串行通信设计与实现 134

6.1 串行通信的基本概念 134

6.1.1 并行通信与串行通信 134

6.1.2 异步通信与同步通信 135

6.1.3 单工、半双工与全双工通信 135

6.1.4 串行通信的比特率 136

6.2 STM32F1的USART介绍 136

6.2.1 串行通信接口标准 136

6.2.2 USART简介 138

6.2.3 USART功能概述 138

6.2.4 USART串口通信配置步骤 144

6.3 任务10 USART1与PC机实现对话 148

6.3.1 硬件设计 148

6.3.2 软件设计 149

6.3.3 工程编译与调试 152

6.4 printf重定向 153

6.4.1 printf重定向介绍 153

6.4.2 printf函数格式 154

6.5 任务11 printf重定向至串口 155

6.5.1 硬件设计 155

6.5.2 软件设计 155

　　　　6.5.3　工程编译与调试 ……………………………………………… 156
　　举一反三 …………………………………………………………………… 157
项目7　模数转换设计与实现 ………………………………………………… 158
　　7.1　STM32F1 ADC 介绍 ………………………………………………… 158
　　　　7.1.1　STM32F1 ADC 功能描述 ……………………………………… 158
　　　　7.1.2　ADC 配置步骤 ……………………………………………… 167
　　7.2　任务12　基于库函数的 STM32F1 ADC 控制设计 …………………… 172
　　　　7.2.1　硬件设计 ………………………………………………… 173
　　　　7.2.2　软件设计 ………………………………………………… 173
　　　　7.2.3　工程编译与调试 …………………………………………… 176
　　7.3　任务13　DS18B20 温度传感器控制 ………………………………… 176
　　　　7.3.1　DS18B20 介绍 …………………………………………… 177
　　　　7.3.2　硬件设计 ………………………………………………… 181
　　　　7.3.3　软件设计 ………………………………………………… 182
　　　　7.3.4　工程编译与调试 …………………………………………… 186
　　举一反三 …………………………………………………………………… 187
项目8　显示屏控制设计与实现 ……………………………………………… 188
　　8.1　任务14　TFTLCD 显示 ……………………………………………… 188
　　　　8.1.1　TFTLCD 简介 …………………………………………… 188
　　　　8.1.2　硬件设计 ………………………………………………… 194
　　　　8.1.3　软件设计 ………………………………………………… 195
　　　　8.1.4　工程编译与调试 …………………………………………… 211
　　8.2　任务15　OLED 显示 ………………………………………………… 211
　　　　8.2.1　OLED 简介 ……………………………………………… 212
　　　　8.2.2　硬件设计 ………………………………………………… 216
　　　　8.2.3　软件设计 ………………………………………………… 216
　　　　8.2.4　工程编译与调试 …………………………………………… 223
　　举一反三 …………………………………………………………………… 224

项目 1　点亮一个 LED 灯

▶ 学习目标

1. 了解 ARM 嵌入式系统的基本概念，认识 STM32。
2. 会新建 KEIL5 工程，并进行工程配置与编译，能搭建软硬件开发环境。
3. 掌握 STM32 应用程序的开发流程。
4. 实现点亮一个 LED 灯和控制一个 LED 灯闪烁。

1.1　嵌入式 ARM 处理器 STM32

本节介绍嵌入式系统的概念及 ARM 处理器系列，重点介绍 ARM Cortex-M3 处理器的 STM32F103RCT6 芯片。

1.1.1　嵌入式系统概述

嵌入式系统是以应用为中心，嵌入到应用对象当中的专用计算机系统。由于嵌入式系统具有体积小、功能强、功耗低、可靠性高以及面向具体应用等特点，目前已经广泛地应用于军事国防、消费电子、信息家电、网络通信、工业控制等各个领域，可以说我们生活在一个充满嵌入式系统的世界当中。

嵌入式系统的核心部件是各种类型的嵌入式处理器，嵌入式处理器目前主要有 AM186/88、386EX、SC-400、PowerPC、68000、MIPS、ARM 等系列。为了适应不同的应用需求，一般一个系列具有多种衍生产品，每种衍生产品的处理器内核几乎都是一样的，不同之处在于存储器的种类、容量和外设接口模块的配置及芯片封装方面，目的是以最低的功耗和资源实现嵌入式应用的特殊要求。随着芯片设计及制造工艺的提高，以 32 位处理器为内核的微处理器芯片得到大范围使用，这极大地推动了嵌入式系统的发展速度。目前，市面上已有几千种嵌入式芯片可供选择。

1.1.2　ARM 处理器

1. 什么是 ARM

ARM(Advanced RISC Machines)是全球最大的芯片架构供应商，ARM 的创始人是赫尔曼·豪瑟，总部在英国，芯片客户遍布全球半导体产业链，形成了以 ARM 为核心的最大的技术生态体系。这家创办于 1990 年的半导体公司不断发展，直至目前在移动端设备芯片市场近乎处于垄断的地位。我国的 SoC(System on Chip)系统芯片 95%都是基于 ARM 架构的。

从各种传感器、门禁卡、手机、家电、汽车，到工业机械、通信基站、数据中心、云服务器，基于 ARM 架构的芯片无处不在，ARM 的低功耗芯片正在改变全球计算机行业，预计到 2035 年，将有超过 1 万亿台智能电子设备实现互联。

2. ARM 处理器的特点

ARM 处理器的特点如下：

(1) 体积小、功耗低、成本低、性能高；

(2) 支持 Thumb(16 位)/ARM(32 位)双指令集，能很好地兼容 8 位/16 位器件；

(3) 大量使用寄存器，指令执行速度更快；

(4) 大多数数据操作都在寄存器中完成；

(5) 寻址方式灵活简单，执行效率高；

(6) 指令长度固定。

3. ARM 处理器系列

ARM 处理器有 ARM7、ARM9、ARM9E、ARM10E、SecurCore、Cortex 等系列。

除具有 ARM 体系结构的共同特点外，每一个系列的 ARM 处理器都有各自的特点和应用领域。ARM 处理器架构进化史如图 1-1 所示。

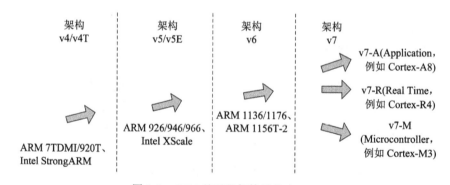

图 1-1　ARM 处理器架构进化史

1.1.3　Cortex-M3 概览

Cortex 系列处理器是基于 ARM v7 架构的，分为 Cortex-M(微控制器)、Cortex-R(实时处理器)和 Cortex-A(应用处理器)三类。其中，Cortex-M3 是 Cortex-M 中应用最广泛的处理器之一。

Cortex-M3(CM3)是一个 32 位处理器内核，内部的数据总线、寄存器、存储器接口都是 32 位的，它采用哈佛体系结构，拥有独立的指令总线和数据总线，取指与数据访问同时进行，从而提升了处理器的工作效率。CM3 内部含有多条总线接口，它们可以并行工作，而且还具有很多调试组件，用于在硬件水平上支持调试操作，如指令断点、数据观察点等。另外，为支持更高级的调试，还有其他可选组件，包括指令跟踪和多种类型的调试接口。

CM3 的简化结构视图如图 1-2 所示。

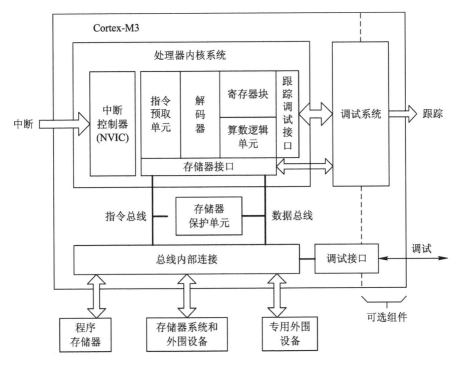

图 1-2 CM3 的简化结构视图

1.1.4 CM3 与基于 CM3 的微控制器

CM3 是基于 CM3 的微控制器的中央处理单元(CPU)。当得到 CM3 的使用授权后，半导体厂商就可以把 CM3 内核用在自己的芯片设计中，不同厂商设计出的芯片具有不同的配置，包括存储器容量、类型、外设等。CM3 与基于 CM3 的微控制器的关系如图 1-3 所示。

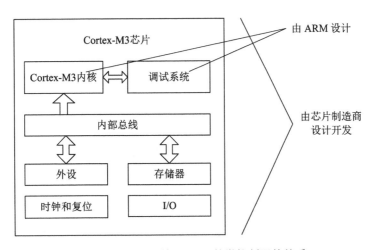

图 1-3 CM3 与基于 CM3 的微控制器的关系

1.1.5　初识 STM32

1. STM32 的基本概念

STM32 的命名含义：ST 表示意法半导体(ST Micro electronics)公司的名字，M 表示微控制器，32 表示 32 位(bit)字长，STM32 就是以 Cortex-M 作为内核，通过一些外设接口等组合封装在一起的 32 位嵌入式微控制器。

ST 是世界上最大的半导体公司之一，公司总部设在瑞士日内瓦，同时也是欧洲区以及新兴市场的总部；公司的美国总部设在得克萨斯州达拉斯市的卡罗顿；亚太区总部设在新加坡；日本的业务以东京为总部；中国区总部设在上海。

STM32 属于高性能的单片机，主要应用是实现控制，优势在于处理速度相对较高，内部资源较为丰富，性价比非常高；STM32 同系列的产品，在软件和硬件上兼容性很好，尤其是从引脚少的芯片更换为引脚多的芯片的时候，代码都无需修改就能直接应用。STM32 的工程代码中提供了很多的库函数来操作片上资源，为程序的开发提供了很大的便利。

2. STM32 系列产品及命名规则

STM32 系列产品按内核架构不同分为：主流产品(STM32F0、STM32F1、STM32F3)、超低功耗产品(STM32L0、STM32L1、STM32L4、STM32L4+)和高性能产品(STM32F2、STM32F4、STM32F7、STM32H7)。

STM32F 系列属于中低端的 32 位 ARM 微控制器，其内核是 Cortex-M3。该系列芯片按片内 Flash 的大小可分为三大类：小容量(16 KB 和 32 KB)、中容量(64 KB 和 128 KB)、大容量(256 KB、384 KB 和 512 KB)。

以 STM32F103RCT6 为例，其命名规则如表 1-1 所示。

表 1-1　STM32 系列产品命名规则

序号	组成部分	含　义
1	STM32	芯片系列：STM32 代表基于 ARM Cortex-M 内核的 32 位微控制器
2	F	芯片类型：F 代表通用类型，L 代表超低功耗类型，H 代表超值类型
3	103	芯片子系列：101 代表基本型，102 代表 USB 基本型，103 代表增强型，105 或 107 代表互联网型
4	R	引脚数目：T 代表 36 脚，C 代表 48 脚，R 代表 64 脚，V 代表 100 脚，Z 代表 144 脚，I 代表 176 脚
5	C	闪存存储器容量：4 代表 16 KB 的闪存存储器，6 代表 32 KB 的闪存存储器，8 代表 64 KB 的闪存存储器，B 代表 128 KB 的闪存存储器，C 代表 256 KB 的闪存存储器，D 代表 384 KB 的闪存存储器，E 代表 512 KB 的闪存存储器
6	T	封装：H 代表 BGA 封装，T 代表 LQFP 封装，U 代表 VFQFPN 封装，Y 代表 WLCSP64 封装
7	6	温度范围：6 代表 -40～85℃，7 代表 -40～105℃

3. STM32F103 系列芯片的系统结构

STM32F103 系列芯片的系统结构如图 1-4 所示。

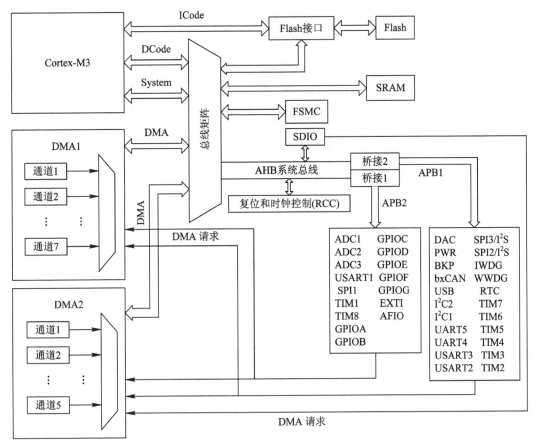

图 1-4　STM32F103 系列芯片的系统结构

从图 1-4 可以看出，在小容量、中容量和大容量产品中，主系统由以下部分构成：

四个驱动单元：CM3 内核 DCode 总线(D-bus)、系统总线(S-bus)、通用 DMA1、通用 DMA2。

四个被动单元：内部 SRAM、内部闪存存储器、FSMC、AHB 到 APB 的桥(AHB2APBx，它连接所有的 APB 设备)。

这些都是通过一个多级的 AHB 总线构架相互连接的，下面我们看看它们各自的功能：

(1) ICode 总线：该总线将 CM3 内核的指令总线与闪存存储器的指令接口相连接，指令预取在此总线上完成。

(2) DCode 总线：该总线将 CM3 内核的 DCode 总线与闪存存储器的数据接口相连接(常量加载和调试访问)。

(3) 系统总线：该总线连接 CM3 内核的系统总线(外设总线)到总线矩阵，总线矩阵协调着内核和 DMA 间的访问。

(4) DMA 总线：该总线将 DMA 的 AHB 主控接口与总线矩阵相连，总线矩阵协调着 CPU 的 DCode 和 DMA 到 SRAM、闪存和外设的访问。

(5) 总线矩阵：总线矩阵协调内核系统总线和 DMA 主控总线之间的访问仲裁，仲裁利用轮换算法。AHB 外设通过总线矩阵与系统总线相连，允许 DMA 访问。

(6) AHB/APB 桥：两个桥(AHB/APB)在 AHB 和 2 个 APB 总线间提供同步连接。APB1 工作频率限于 36 MHz，APB2 工作于最高频率(72 MHz)。

4. STM32F103RCT6 芯片

本书介绍的开发板使用的是 STM32F103RCT6 芯片，芯片外观及引脚图如图 1-5 及图 1-6 所示。

图 1-5　STM32F103RCT6 芯片外观

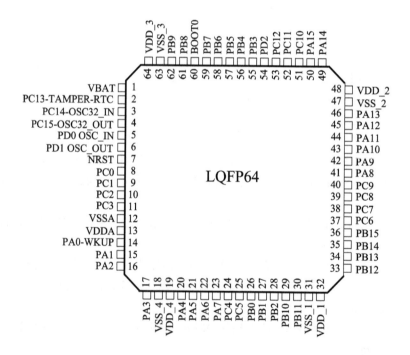

图 1-6　STM32F103RCT6 芯片引脚

STM32F103RCT6 是基于 ARM Cortex-M3 内核的 32 位微控制器，64 引脚 LQFP 封装，除了电源引脚和晶振引脚、复位引脚之外，几乎每个引脚都有复用功能，主频 72 MHz，运行电压为 2 V 至 3.6 V，256 KB 闪存，48 KB SRAM，3 个 12 位 1 μs 模数转换器 ADC1、ADC2 和 ADC3 (高达 16 通道)，2 个 12 位 2 通道数模转换器，4 个通用定时器，2 个高级控制定时器，2 个基础定时器，51 个高速输入输出端口，串行线调试器(SWD)和 JTAG 接口，3 个 SPI、2 个 I^2C 串行总线，5 个 USART(3 个 USART，2 个 UART)，1 个 USB、1 个 SDIO 和 1 个 CAN 接口，运行环境温度为 $-40\sim85℃$，全面的省电模式允许设计者设计低功率应用。

1.2 任务 1 搭建开发环境

任务目标

实现嵌入式系统开发的软硬件环境的搭建，为后面学习程序的开发做好铺垫。

1.2.1 安装 RealView MDK

CM3 内核支持很多开发工具，其中最流行的就是德国 KEIL 公司的 RealView Microcontroller Development Kit(简称 RealView MDK 或 RVMDK)。RVMDK 中附带了很多示例程序，这些示例都使用了厂商提供的驱动程序库(固件库)。固件库的存在可以简化对外设寄存器的操作，同时让使用者可以通过修改示例程序来很容易地开发出应用程序。

1. 获取 RVMDK 软件

RVMDK 软件可以在 KEIL 公司的官网上下载:https://www.keil.com/download/product/，本书使用的是 5.28 版本，简称 KEIL5，也可以下载其他版本，只要能正确运行就好，下载界面如图 1-7 所示。

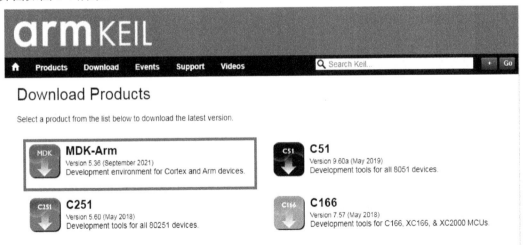

图 1-7 RVMDK 下载界面

2. 安装 KEIL5 软件

(1) 软件包下载完成之后，双击应用程序 MDK528.exe，弹出如图 1-8 所示的软件安装对话框。

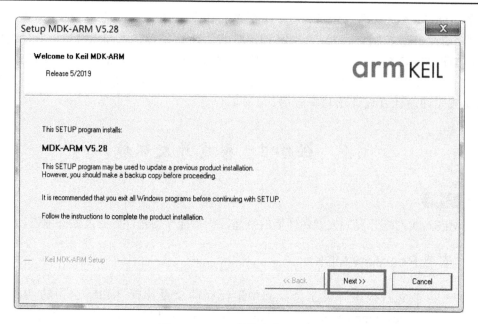

图 1-8　KEIL5 软件安装对话框

点击"Next"按钮，按照提示信息进行安装即可。要注意：软件安装保存路径不能出现中文，否则会出现很多奇怪的错误；不要将不同版本的 KEIL 软件安装在同一个文件夹内。

软件安装完成以后点击"Finish"按钮，弹出如图 1-9 所示的安装结束界面，要求安装STM32 芯片包，我们后面会手动安装，所以此处直接关掉。

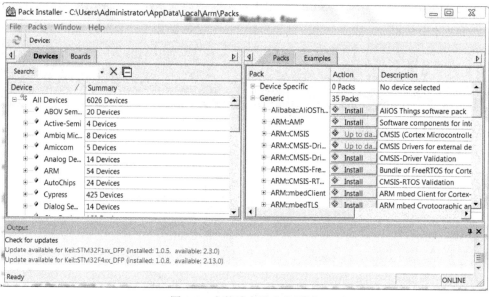

图 1-9　安装结束弹出的界面

(2) 安装 STM32 芯片包。KEIL5 需要单独安装芯片包，否则无法选择芯片类型。STM32芯片包需要去 KEIL 的官网下载，有 F0/1/2/6/4/7 几个系列，具体下载和安装哪个系列的芯片包，取决于开发板上的芯片型号。本书使用 STM32F1 芯片包，如图 1-10 所示，直接双击圈内文件，安装在 KEIL5 同一目录下即可。

至此 KEIL5 安装完成，电脑桌面上会出现一个快捷方式图标，如图 1-11 所示。

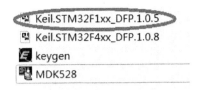

图 1-10 STM32F1 芯片包　　　　　　　　图 1-11 KEIL5 桌面快捷方式图标

(3) 安装完 KEIL5 后，我们还需要对其破解。首先打开 KEIL5 软件，依次点击
"File" → "License Management" 选项，如图 1-12 所示。

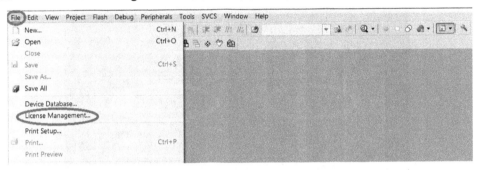

图 1-12 选择 License Management 选项

在弹出的如图 1-13 所示的 "License Management" 对话框中，复制 CID 序列号。

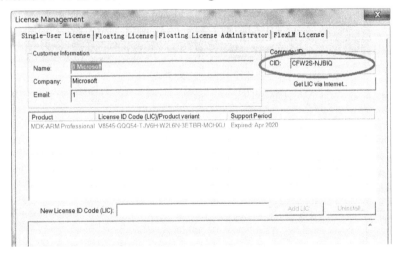

图 1-13 "License Management" 对话框

打开之前下载的 KEIL5 软件包，找到 keygen.exe 文件(此文件用于破解)并双击，弹出
如图 1-14 所示的破解对话框。

将从图 1-13 中复制的 CID 序列号粘贴到图 1-14 的 "CID" 框中，并且在 "Target" 框
中选择 "ARM"，然后点击 "Generate" 按钮，生成破解码，将生成的破解码复制到图 1-13
的 "New License ID Code(LIC)" 框中，点击 "Add LIC" 按钮即可破解。如果破解成功，
则会显示 "LIC Added Sucessfully(Successfully)"，如图 1-15 所示。

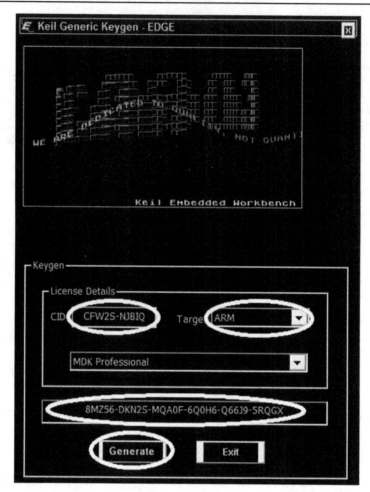

图 1-14　破解界面

图 1-15　破解成功界面

如果破解失败,则在打开 KEIL 时,右键点击快捷方式图标,选择"Run As Administrator" (中文意思是以管理员权限运行),就可以正常破解了。

1.2.2 安装 USB 转串口的驱动

要下载程序或者实现串口通信,前提条件是必须将开发板和 PC 机连接起来,一般开发板支持 ARM 仿真器、JLINK/JTAG 和串口调试,通过串口调试需要将开发板的串口和 PC 的 USB 口相连,因此就需要安装 USB 转串口的驱动。

(1) 首先下载一个如图 1-16 所示的 CH341SER 驱动程序。

图 1-16 CH341SER 应用程序

(2) 双击 CH341SER 应用程序,出现如图 1-17 所示的安装界面,点击安装即可。

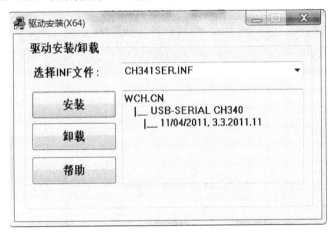

图 1-17 CH341SER 应用程序安装界面

如果安装成功会显示驱动安装成功界面。如果显示"驱动预安装成功"或者"驱动安装失败"等提示信息,则表明驱动安装不成功,可以换另一个 USB 口重新安装;如果还是安装失败,还可以下载一个驱动精灵,让其自动检测硬件驱动。一般通过这几个步骤都是可以解决驱动安装失败的问题的。

1.2.3 了解开发板的功能及使用方法

学习 STM32 的开发,除了安装必要的软件开发环境之外,还需要准备一款开发板,市面上的开发板很多,相同处理器系列的开发板具有通用性,本书的项目基于 STM32F103RCT6 进行开发,读者可以自行选择任意一款同系列的开发板进行学习。下面介绍我们课题组自主设计的开发板的功能及使用方法。

1. 开发板的功能

开发板各功能模块如图 1-18 所示。

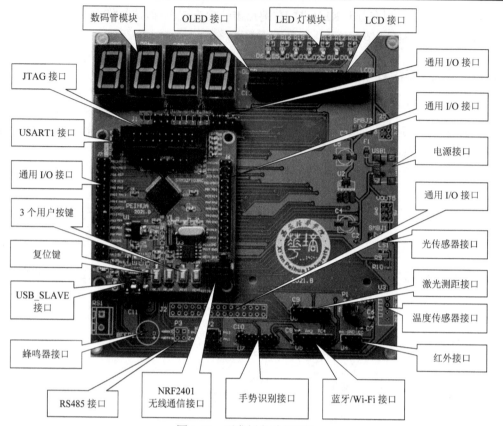

图 1-18　开发板各功能模块

由图 1-18 可知，众多的硬件资源和通信接口，使得本开发板不仅仅是一款入门 STM32 学习板，也是一款 STM32F1 工程项目开发板，总之，本款开发板功能非常强大，既适合 STM32 初学者，也适合单片机工程师的项目开发。

2. 开发板的使用

下面我们看看如何使用这款开发板。

1）建立硬件连接

首先用杜邦线将开发板上的 USART1 串口通过 USB 转串口模块和 PC 机 USB 接口连在一起。在开发板上，含有一个 USART1 串口，硬件电路如图 1-19 所示。

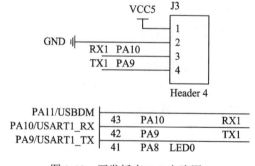

图 1-19　开发板串口 1 电路图

接着准备一个 USB 转串口下载器模块，该 USB 转串口下载器可作为串口通信及 STM32 下载器等使用，其实物图如图 1-20 所示。

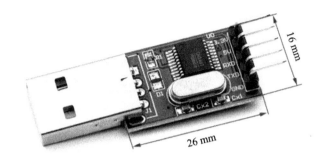

图 1-20　USB 转串口模块实物图

(1) 接线(只需要连接 3 根线)如下：

USB 下载器的 TXD 端连接开发板的 PA10(RX1)；

USB 下载器的 RXD 端连接开发板的 PA9(TX1)；

USB 下载器的 GND 端连接开发板的 GND。

(2) 开发板最小系统使用单独电源供电。若采用 USB 下载器提供 3.3 V 供电，在下载时需要将 boot0 接到 VCC，下载完成后接回 GND 按复位键即完成操作。

2) 下载软件

(1) 打开软件 FlyMcu，如果已经安装好了 USB 转串口驱动，此时可以看到对应的串口号，这里显示的是"COM3 USB-SERIAL CH340"(你的电脑不一定是这个串口)。将波特率设置为"460800"(如果下载失败，可以把波特率降低，总之选择一个能下载的波特率)，其他的选项保持默认设置。点击选择程序文件按钮，操作如图 1-21 所示。

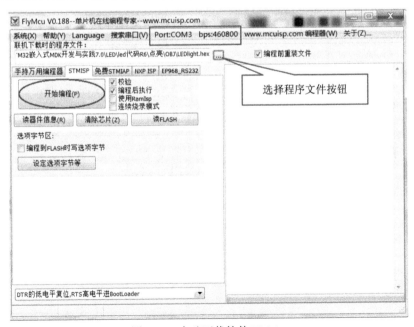

图 1-21　自动下载软件 FlyMcu

(2) 选择实验程序的 .hex 文件，点击"打开"按钮，如图 1-22 所示。

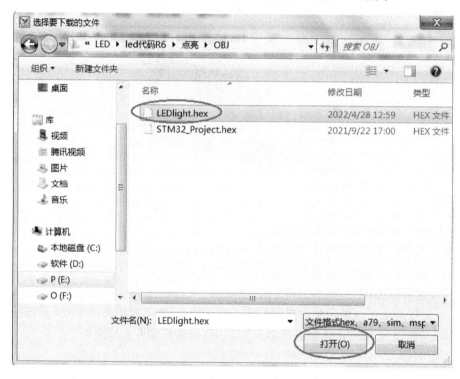

图 1-22　选择.hex 文件

(3) 选择 STMISP 选项卡，点击"开始编程"按钮下载程序。当程序下载完成会提示程序下载成功，如图 1-23 所示。

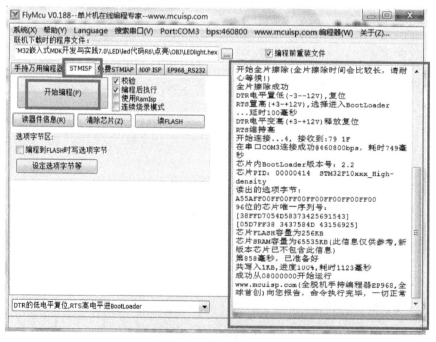

图 1-23　编程成功界面

1.3　任务2　使用寄存器点亮一个LED灯

▶任务目标

通过所连接的 I/O 口输出高低电平，最终实现 LED 灯的亮灭控制，目的是使大家熟悉嵌入式系统开发的流程，掌握开发环境的使用，为后面各项目的学习打下基础。

1.3.1　硬件设计

开发板上的 LED 电路图如图 1-24 所示。

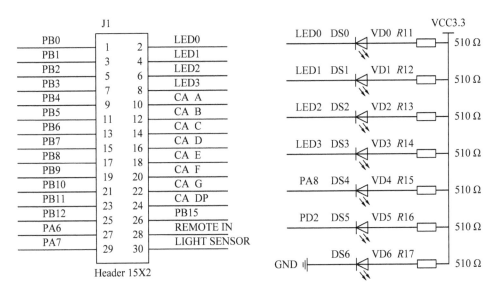

图 1-24　LED 电路图

相同网络标号表示它们是连接在一起的，即 LED0～LED3 发光二极管的阴极连接在开发板的 PB0～PB3 管脚上。要使 LED0 指示灯亮，只需要控制 PB0 管脚输出低电平即可；要使 LED0 指示灯灭，只需控制 PB0 输出高电平即可。如果连接 LED 的管脚和极性不一样，那么只需要在程序中修改对应的 I/O 管脚和输出电平状态即可。

1.3.2　软件设计

本任务要实现的功能是点亮 LED0 发光二极管，即让开发板的 PB0 管脚输出一个低电平。下面我们按步骤进行开发。

1. 创建文件夹

首先在电脑的任意位置创建一个文件夹，可以使用中英文任意命名，但为了方便管理，命名最好和工程实现的功能相关，以后每次新建一个工程都单独新建一个文件夹来管理工程相关的所有文件。

2. 创建 KEIL5 工程

打开 KEIL5 软件，新建一个工程，如图 1-25 所示。

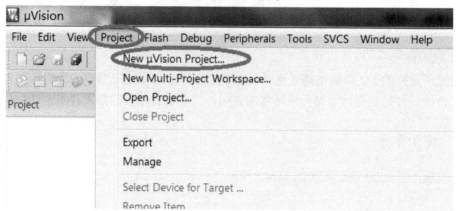

图 1-25　创建一个新的工程

在弹出的新建工程对话框的左侧导航窗格选择保存路径，将工程文件直接保存在新建的文件夹下，在下方"文件名"输入栏输入文件名(使用英文名，如果使用中文名可能会出现一些奇怪的错误)，然后点击"保存"按钮，如图 1-26 所示。

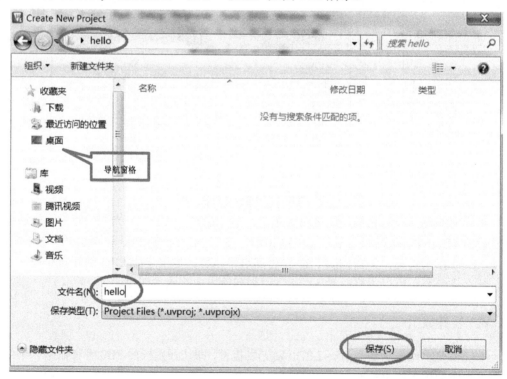

图 1-26　新建工程对话框

3. 选择 CPU 型号

开发板采用的是 STM32F103RCT6 芯片。依次选择 STM32F1 Series→STM32F103→STM32F103RC，如图 1-27、图 1-28 所示。

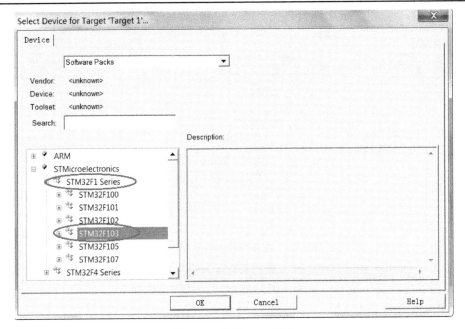

图 1-27　选择 CPU 型号

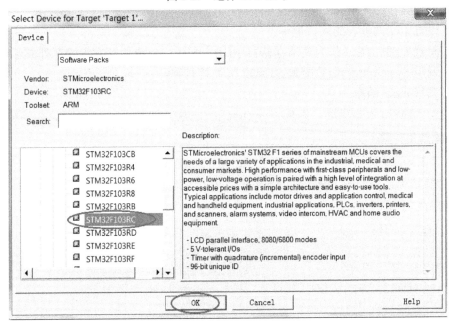

图 1-28　选择 STM32F103RC

选定后，点击"OK"按钮会弹出在线添加固件库文件的界面，我们不需要此步，所以直接关闭即可。

4. 给工程添加文件

将工程所需的基础文件 STM32F1 的启动文件 startup_stm32f10x_hd.s 及 stm32f10x.h 头文件添加到工程中，这两个文件可以从 ST 固件库里面找到。双击 Group 文件夹就会出现添加文件的路径，然后选择文件，点击"Add"按钮即可，如图 1-29 所示。

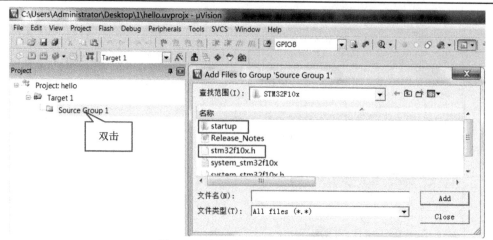

图 1-29　在新建的工程中添加文件

启动文件 startup_stm32f10x_hd.s 是由 ST 官方提供的，不同型号的芯片以及不同编译环境下使用的启动文件是不一样的，但功能相同。具体功能如下：

(1) 初始化堆栈指针 SP；

(2) 初始化程序计数器指针 PC；

(3) 设置堆栈的大小；

(4) 设置中断向量表的入口地址；

(5) 配置外部 SRAM 作为数据存储器(由用户配置，一般的开发板没有外部 SRAM)；

(6) 调用 SystemInit()函数配置 STM32 的系统时钟；

(7) 调用 main 函数。

总之，STM32 上电启动，先执行 SystemInit 函数，再执行 main 函数。

5. 配置魔法棒

(1) "Target"选项卡：选中微库"Use MicroLIB"，这一步的配置非常重要，如果不选择这个复选框，后面做 printf 实验时会打印不出信息。其他的设置保持默认即可，如图 1-30 所示。

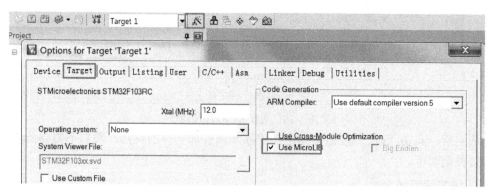

图 1-30　选中微库"Use MicroLIB"

(2) "Output"选项卡：选中"Create HEX File"复选框，在编译的过程中会生成 hex 文件，这个文件就是程序下载需要的文件，如图 1-31 所示。

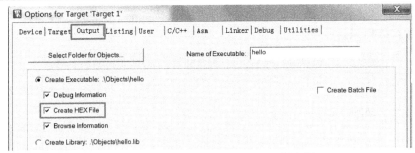

图 1-31　选中"Create HEX File"复选框

（3）"Debug"选项卡：点击"Settings"按钮，在弹出的对话框中，选择"Flash Download"选项卡，勾选"Reset and Run"复选框，点击"OK"按钮，如图 1-32 所示。如果选中"Reset and Run"复选框，则程序下载后会自动复位运行；如果不选中该复选框，则程序下载后需手动按下开发板上的复位键才能运行。通常选中该复选框。

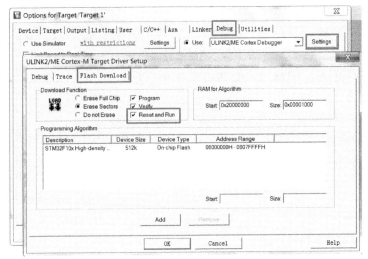

图 1-32　选中"Reset and Run"复选框

6. 编写主函数

（1）在工程组中添加新的 C 语言源文件，如图 1-33 所示。

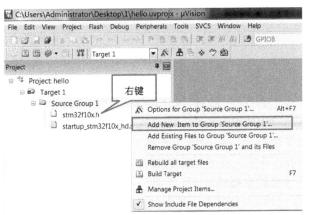

图 1-33　添加新文件

(2) 在弹出的对话框中选择 C 语言文件类型，在"name"栏输入"main"，点击"Add"按钮，如图 1-34 所示。

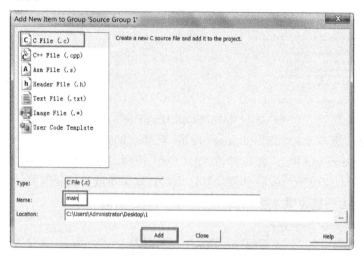

图 1-34 新建 C 语言源文件

(3) 使用寄存器操作 STM32，使 PB0 输出一个低电平。打开 main.c 文件，编写如下程序代码：

```
#include "stm32f10x.h"                          (1)
void SystemInit()                                (2)
{
}
int main()
{
    RCC_APB2ENR |= 1<<3;                         (3)
    GPIOB_CRL& = ~(0x0F<<(4*0));
    GPIOB_CRL |= (3<<4*0);                       (4)
    GPIOB_BSRR = (1<<(16+0));                    (5)
    while(1)
    {

    }
}
```

在上述代码后面做了标注序号的代码行，按照序号顺序介绍如下：

第(1)行：包含 stm32f10x.h 头文件，这个头文件里有寄存器的定义，在 main.c 文件中使用这些寄存器就需要把这个头文件包含进来，否则编译就会报错。

第(2)行：SystemInit 函数，程序运行的时候首先进入这个函数进行 STM32 的初始化，如果不写这个函数编译器就会报错。

第(3)行：GPIOB 时钟使能。RCC 是系统定时器 SysTick 的外部时钟，在配置外设时首先要开启外设时钟。因此要使 PB0 输出一个低电平，必须首先使能它的时钟。APB2 外设时钟使能寄存器 RCC_APB2ENR 是在 stm32f10x.h 头文件中定义好的，查阅 RCC 时钟使能寄存器内容可知此寄存器的位 3 是控制 GPIOB 外设的时钟使能位，只有该位为 1 时才使能，如果为 0 则关闭 GPIOB 时钟，所以要让 1 左移 3 位。APB2 外设时钟使能寄存器 RCC_APB2ENR 的定义如图 1-35 所示。

31	30	29	28	27	26	25	24	23	22	21	20	19	18	17	16
保留															

15	14	13	12	11	10	9	8	7	6	5	4	3	2	1	0
ADC3 EN	USART1 EN	TIM8 EN	SPI1 EN	TIM1 EN	ADC2 EN	ADC1 EN	IOPG EN	IOPF EN	IOPE EN	IOPD EN	IOPC EN	IOPB EN	IOPA EN	保留	AFIO EN
rw	rw	rw	rw	rw	rw	rw	rw	rw	rw	rw	rw	rw	rw		rw

图 1-35　APB2 外设时钟使能寄存器 RCC_APB2ENR

图中：

● 位[3]：IOPBEN，即 I/O 端口 B 时钟使能，由软件置"1"或清"0"。取值及含义如下：0 表示 I/O 端口 B 时钟关闭；1 表示 I/O 端口 B 时钟开启。

● rw：读写端口。r 表示只读端口，w 表示只写端口。后面图中不再说明。

第(4)行：配置 PB0 为通用推挽输出模式，最大频率为 50 MHz。可根据端口配置低寄存器(GPIOx_CRL)(x=A···E。注：A···E 表示 A，···，E，全书同)设置，要让 PB0 管脚输出，需使用推挽输出模式。查阅端口配置低寄存器的内容可知此寄存器内每 4 位控制一个管脚。位[3:0]配置端口 x(x=A···E)的第 0 位。其中，位[3:2]为 00，表示通用推挽输出模式；位[1:0]为 11，表示输出为最大频率 50 MHz。在本书任务 3 中有该寄存器的详细说明，这里不做重点介绍。

第(5)行：使 PB0 输出低电平。GPIOx_BSRR(x=A···E)为端口位设置/清除寄存器，GPIOx_ODR(x=A···E)为端口输出数据寄存器，查阅 GPIO 端口输出数据寄存器和 GPIO 端口位设置/清除寄存器内容可知，其高 16 位用于复位。当高 16 位某位为 1 时，表示该位管脚输出低电平；为 0 时则不影响其输出电平。当低 16 位的某位为 1 时，表示该位管脚输出高电平；为 0 时则不影响其输出电平。所以要让 1 左移 16 + 0 位。在本书任务 3 中有该寄存器的详细说明，这里不做重点介绍。

要让 LED0 闪烁，只需让 PB0 管脚循环输出高或低电平并延时一定的时间即可，因此还需要编写一个延时函数。修改 main.c 代码如下：

```
#include "stm32f10x.h"
void SystemInit()
{

}
void delay(unsigned int i)
{
    while(i--);
}
int main()
```

```
{
    RCC_APB2ENR |= 1<<3;
    GPIOB_CRL &= ~(0x0F<<(4*0));
    GPIOB_CRL |= (3<<4*0);
    GPIOB_BSRR = (1<<(16+0));
    while(1)
    {
        GPIOB_BSRR = (1<<(16+0));
        delay(0xFFFFF);
        GPIOB_BSRR = (1<<(0));
        delay(0xFFFFF);
    }
}
```

这个程序通过控制 PB0 循环输出高低电平，并调用延时函数实现了 LED0 闪烁的效果。延时函数 delay 内部通过一个 while 循环占用 CPU 起到延时作用，但是这个延时并不准确，后面我们会给大家介绍使用定时器来精确延时。在 delay 函数中有一个形参，其类型为 unsigned int，所以形参 i 值最大是 0xFFFF FFFF，可以通过修改实参值调节闪烁的快慢。

1.3.3 工程编译与调试

在 KEIL5 工程面板左上部，有 3 个编译按钮，都可以实现编译，通常我们使用中间的按钮。编译前面编写的程序，结果如图 1-36 所示。

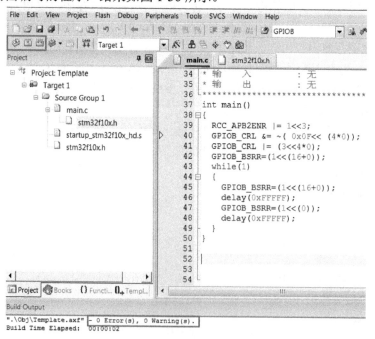

图 1-36　程序编译结果

可以看到没有错误，也没有警告。若编译发生错误，则需按照提示信息，对程序进行分析修改，直到运行正确为止。将编译产生的 .hex 文件下载到开发板内，下载成功后可以看到开发板上 LED0 指示灯闪烁，LED 灯闪烁效果如图 1-37 所示。

图 1-37　LED 灯闪烁效果图

举 一 反 三

1. 控制 LED3 发光二极管闪烁。
2. 点亮 LED0、LED1、LED2、LED3 指示灯。
3. 实现 LED0、LED1、LED2、LED3 指示灯交替亮灭，类似流水灯效果。
4. 查阅 STM32 数据手册，通过控制 GPIO 组 ODR 寄存器实现 LED0 闪烁。
5. 通过控制 GPIO 组 ODR 寄存器实现多个 LED 灯同时闪烁。
6. 通过控制 GPIO 组 ODR 寄存器，实现花样流水灯。

项目 2 流水灯控制设计与实现

1. 掌握如何使用 C 语言访问 STM32 寄存器的方法。
2. 掌握 API 函数的使用方法。
3. 掌握创建库函数工程模板的方法。
4. 能使用库函数点亮流水灯。

2.1 STM32 存储器映射

STM32 的程序存储器、数据存储器、寄存器和输入输出端口被组织在同一个 4 GB 的线性地址空间内。数据字节以小端格式(一个字里的最低地址字节被认为是该字的最低有效字节,而最高地址字节是最高有效字节)存放。整个地址空间被分成 8 块,每块为 512 MB。没有被分配的地址空间都是保留的。给存储器分配地址的过程称为存储器映射。

2.1.1 存储器分块

ARM 在对这 4 GB 容量进行分块的时候是按照其功能划分的,每块都有它特殊的用途。存储器分块如表 2-1 所示。

表 2-1 存储器分块

序号	用 途	地 址 范 围
Block0	SRAM(Flash)	0x0000 0000～0x1FFF FFFF(512 MB)
Block1	SRAM	0x2000 0000～0x3FFF FFFF(512 MB)
Block2	片上外设	0x4000 0000～0x5FFF FFFF(512 MB)
Block3	FSMC 的 bank1-bank2	0x6000 0000～0x7FFF FFFF(512 MB)
Block4	FSMC 的 bank3-bank4	0x8000 0000～0x9FFF FFFF(512 MB)
Block5	FSMC register	0xA000 0000～0xBFFF FFFF(512 MB)
Block6	Not used	0xC000 0000～0xDFFF FFFF(512 MB)
Block7	Cortex-M3 内部外设	0xE000 0000～0xFFFF FFFF(512 MB)

在这 8 个 Block 里面,Block0、Block1 和 Block2 这三个块包含了 STM32 芯片的内部

Flash、SRAM 和片上外设。下面简单介绍这三个 Block 具体区域的功能划分。

1. Block0 内部区域功能划分

Block0 主要用于设计片内的 Flash，STM32F103 系列芯片内部 Flash 最大是 512 KB，我们使用的 STM32F103RCT6 的 Flash 是 256 KB，足够一般的应用开发。Block0 内部又划分了好多个功能块，按地址从低到高依次介绍如下：

0x0000 0000～0x0007 FFFF：取决于 BOOT 引脚，为 Flash、系统存储器、SRAM 的别名。

0x0008 0000～0x07FF FFFF：预留。

0x0800 0000～0x0807 FFFF：片内 Flash，用户编写的程序就放在这一区域。

0x0808 0000～0x1FFF EFFF：预留。

0x1FFF F000～0x1FFF F7FF：系统存储器，里面存放的是 ST 出厂时烧写好的 ISP 自举程序，用户无法改动。使用串口下载的时候需要用到这部分程序。

0x1FFF F800～0x1FFF F80F：选项字节，用于配置读写保护、软件/硬件看门狗以及器件处于待机或停止模式下的复位。

0x1FFF F810～0x1FFF FFFF：预留。

2. Block1 内部区域功能划分

Block1 用于设计片内的 SRAM，我们使用的 STM32F103RCT6 的 SRAM 是 48 KB。Block1 内部又划分了几个功能块，按地址从低到高依次介绍如下：

0x2000 0000～0x2000 FFFF：SRAM。

0x2001 0000～0x3FFF FFFF：预留。

3. Block2 内部区域功能划分

Block2 用于设计片内外设，根据外设总线速度的不同，Block2 被划分为 AHB 和 APB 两部分，APB 又被分成 APB1 和 APB2 总线。按地址从低到高依次介绍如下：

0x4000 0000～0x4000 77FF：APB1 总线外设。

0x4000 7800～0x4000 FFFF：预留。

0x4001 0000～0x4001 3FFF：APB2 总线外设。

0x4001 4000～0x4001 7FFF：预留。

0x4001 8000～0x4002 33FF：AHB 总线外设。

0x4002 4400～0x5FFF FFFF：预留。

2.1.2　外设地址映射

由存储器分块了解到 Block2 是片上外设区域，由于 CM3 内核是 32 位的，所以存储器内部以四个字节为一个单元，每一个单元对应一个地址，每一个地址对应不同的功能。要控制一个外设，也就是要通过对应的地址来访问，就需要给每个地址按照功能取一个别名，这个别名就是寄存器。

片上外设区分为 3 类总线，根据外设速度的不同，不同的总线挂载着不同的外设，APB1 挂载低速外设，APB2 和 AHB 挂载高速外设。相应总线的最低地址称为该总线的基地址，总线基地址也是挂载在该总线上的首个外设的地址。APB1 总线的地址最低，因此片上外设就从这个地址开始，也称外设基地址。表 2-2 列出了片上外设的起止地址。

表 2-2　片上外设的起止地址

起　止　地　址	外　　设	总线
0x5000 0000～0x5003 FFFF	USB OTG 全速	AHB
0x4003 0000～0x4FFF FFFF	保留	
0x4002 8000～0x4002 9FFF	以太网	
0x4002 3400～0x4002 3FFF	保留	AHB
0x4002 3000～0x4002 33FF	CRC	
0x4002 2000～0x4002 23FF	闪存存储器接口	
0x4002 1400～0x4002 1FFF	保留	
0x4002 1000～0x4002 13FF	复位和时钟控制(RCC)	
0x4002 0800～0x4002 0FFF	保留	
0x4002 0400～0x4002 07FF	DMA2	
0x4002 0000～0x4002 03FF	DMA1	
0x4001 8400～0x4001 7FFF	保留	
0x4001 8000～0x4001 83FF	SDIO	
0x4001 4000～0x4001 7FFF	保留	APB2
0x4001 3C00～0x4001 3FFF	ADC3	
0x4001 3800～0x4001 3BFF	USART1	
0x4001 3400～0x4001 37FF	TIM8 定时器	
0x4001 3000～0x4001 33FF	SPI1	
0x4001 2C00～0x4001 2FFF	TIM1 定时器	
0x4001 2800～0x4001 2BFF	ADC2	
0x4001 2400～0x4001 27FF	ADC1	
0x4001 2000～0x4001 23FF	GPIO 端口 G	
0x4001 1C00～0x4001 1FFF	GPIO 端口 F	
0x4001 1800～0x4001 1BFF	GPIO 端口 E	
0x4001 1400～0x4001 17FF	GPIO 端口 D	
0x4001 1000～0x4001 13FF	GPIO 端口 C	
0x4001 0C00～0x4001 0FFF	GPIO 端口 B	
0x4001 0800～0x4001 0BFF	GPIO 端口 A	
0x4001 0400～0x4001 07FF	EXTI	
0x4001 0000～0x4001 03FF	AFIO	
0x4000 7800～0x4000 FFFF	保留	APB1
0x4000 7400～0x4000 77FF	DAC	
0x4000 7000～0x4000 73FF	电源控制(PWR)	

续表

起 止 地 址	外　设	总线
0x4000 6C00～0x4000 6FFF	后备寄存器(BKP)	APB1
0x4000 6800～0x4000 6BFF	bxCAN2	
0x4000 6400～0x4000 67FF	bxCAN1	
0x4000 6000～0x4000 63FF	USB/CAN 共享的 512 B SRAM	
0x4000 5C00～0x4000 5FFF	USB 全速设备寄存器	
0x4000 5800～0x4000 5BFF	I^2C2	
0x4000 5400～0x4000 57FF	I^2C1	
0x4000 5000～0x4000 53FF	UART5	
0x4000 4C00～0x4000 4FFF	UART4	
0x4000 4800～0x4000 4BFF	USART3	
0x4000 4400～0x4000 47FF	USART2	
0x4000 4000～0x4000 3FFF	保留	
0x4000 3C00～0x4000 43FF	SPI3/I^2S3	
0x4000 3800～0x4000 3BFF	SPI2/I^2S3	
0x4000 3400～0x4000 37FF	保留	
0x4000 3000～0x4000 33FF	独立看门狗(IWDG)	
0x4000 2C00～0x4000 2FFF	窗口看门狗(WWDG)	
0x4000 2800～0x4000 2BFF	RTC	
0x4000 1800～0x4000 27FF	保留	
0x4000 1400～0x4000 17FF	TIM7 定时器	
0x4000 1000～0x4000 13FF	TIM6 定时器	
0x4000 0C00～0x4000 0FFF	TIM5 定时器	
0x4000 0800～0x4000 0BFF	TIM4 定时器	
0x4000 0400～0x4000 07FF	TIM3 定时器	
0x4000 0000～0x4000 03FF	TIM2 定时器	

1. 总线基地址

从表 2-2 可以看到，Block2 分为三大块，每块都有一个起始地址，这个起始地址就是基地址，然后到下一块起始地址的时候就会和前一块地址出现偏差，这个差值就是偏移量，即相对基地址的偏移量，如表 2-3 所示。

表 2-3　总线基地址及偏移量

总线名称	总线基地址	相对外设基地址的偏移
APB1	0x4000 0000	0x0
APB2	0x4001 0000	0x0001 0000
AHB	0x4001 8000	0x0001 8000

从表 2-3 可以看到，APB1 总线基地址是 0x4000 0000，相对外设基地址的偏移量是 0，所以此总线也是外设 Block2 的基地址。

2. 外设基地址

每条总线上都会挂接着很多的外设，这些外设也会有自己的地址范围，某个外设的首个地址即最低地址就是这个外设的基地址，这里以通用输入输出端口 GPIO(General Purpose Input Output)外设为例来讲解外设基地址(其他的外设也是同样分析)。GPIO 外设基地址如表 2-4 所示。

表 2-4 GPIO 外设基地址

外设名称	外设基地址	相对 APB2 总线的地址偏移
GPIOA	0x4001 0800	0x0000 0800
GPIOB	0x4001 0C00	0x0000 0C00
GPIOC	0x4001 1000	0x0000 1000
GPIOD	0x4001 1400	0x0000 1400
GPIOE	0x4001 1800	0x0000 1800
GPIOF	0x4001 1C00	0x0000 1C00
GPIOG	0x4001 2000	0x0000 2000

从表 2-4 可知，外设 GPIOx(x = A···G)都是挂接在 APB2 总线上的，属于高速的外设，而 APB2 总线的基地址是 0x40010000，故 GPIOB 相对 APB2 总线的地址偏移是 0xC00。

3. 外设寄存器地址

外设的寄存器就分布在其对应的外设地址范围内。每个寄存器为 32 bit，占四个字节，这些寄存器都是按顺序依次排列在外设的基地址上的。寄存器的位置都以相对该外设基地址的偏移地址来描述。这里以 GPIOB 端口为例，如表 2-5 所示。

表 2-5 GPIOB 寄存器地址

寄存器名称	寄存器地址	相对 GPIOB 基址的偏移
GPIOB_CRL	0x4001 0C00	0x00
GPIOB_CRH	0x4001 0C04	0x04
GPIOB_IDR	0x4001 0C08	0x08
GPIOB_ODR	0x4001 0C0C	0x0C
GPIOB_BSRR	0x4001 0C10	0x10
GPIOB_BRR	0x4001 0C14	0x14
GPIOB_LCKR	0x4001 0C18	0x18

2.2 认识 STM32 固件库

STM32 内部有数百个寄存器，为了方便用户编程，提高程序的移植性，解决不同厂商芯片软件兼容的问题，ST 公司推出了一套 CMSIS(Cortex MicroController Software Interface

Standard)标准固件库,可以直接在 ST 公司的官网进行下载。CMSIS 内部已经将 STM32 的全部外设寄存器的控制封装好,还给用户提供了一些应用程序编程接口 API(Application Programming Interface)函数,用户只需要学习如何使用这些 API 函数即可。本节将向大家介绍这套固件库,为后面库函数模板创建做好铺垫。

下面以 STM32 固件库 v3.5 版本为例来介绍库文件的目录及文件,如图 2-1 所示。

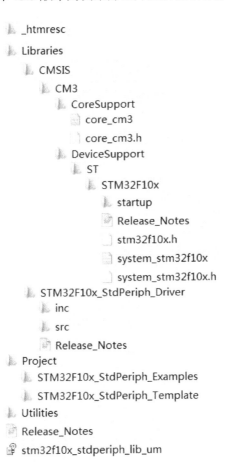

图 2-1　库文件的目录及文件

(1) _htmresc 文件夹:存放 ST 公司的 LOGO 图标。

(2) Libraries 文件夹:在这个文件夹内有两个子目录:CMSIS 文件夹和 STM32F10x_StdPeriph_Driver 文件夹。其中,CMSIS 文件夹用于存放符合 CMSIS 标准的文件,包括 STM32 启动文件、ARMCortex 内核文件、stm32f10x.h、system_stm32f10x.c 和 system_stm32f10x.h 文件。

启动文件有多种,需根据使用的 STM32 芯片来选择,因为开发板上使用的是大容量的 STM32F1 芯片,所以选择 startup_stm32f10x_hd.s。

core_cm3.h 属于 CMSIS 的核心文件,由 ARM 提供,对于所有 CM3 内核的芯片来说,这个文件是相同的。

system_stm32f10x.h 主要是申明系统及总线时钟相关的函数,其中就有 SystemInit()函数申明,这个函数在系统启动的时候都会调用,用来设置整个系统和总线时钟。

stm32f10x.h 是 STM32F10x 的头文件,内部封装了 STM32 的总线、内存和外设寄存器定义等,同时还包含一些时钟相关的定义和中断相关的定义等。

STM32F10x_StdPeriph_Driver 文件夹用于存放 STM32 的外设驱动文件,inc 目录用于存放外设的头文件,src 目录用于存放外设的源文件。从这些文件的命名就可以知道对应文件的功能。

(3) Project 文件夹:此文件夹下有 2 个子目录,STM32F10x_StdPeriph_Examples 文件夹存放的是 ST 公司提供的外设驱动例程,在开发过程中可以借鉴这些例程快速构建自己的外设驱动;STM32F10x_StdPeriph_Template 文件夹存放的是官方的固件库工程模板,我们后面创建自己的工程模板的时候就需要复制此文件夹内的几个文件。

(4) Utilities 文件夹:此文件夹是 ST 官方评估板的一些源文件。

(5) stm32f10x_stdperiph_lib_um 是固件库的帮助文档,可以直接双击打开。要查找哪个外设的库函数,只需要在这个文档中找到对应的外设名称即可获取相关函数的功能及使用方法,还可以通过固件库源码来查找,通过固件库查找的方法在后面创建工程模板的时候会给大家介绍。

2.3　任务 3　使用库函数点亮流水灯

任务目标

创建库函数工程模板,并且基于库函数模板实现流水灯的控制。

2.3.1　创建库函数工程模板

1. 创建工程模板目录

我们在电脑任意位置创建一个名为"库函数工程模板"的文件夹,然后在其下面新建 3 个子文件夹。文件夹的命名最好和固件库文件目录里的保持一致,以便从相关的文件夹里复制文件,如图 2-2 所示。

　　　Libraries
　　　Obj
　　　User

图 2-2　"库函数工程模板"文件夹下的 3 个子文件夹

(1) Libraries 文件夹:用于存放 CMSIS 标准文件和 STM32 外设驱动文件。因此,在此文件夹下新建 2 个命名为 CMSIS 和 STM32F10x_StdPeriph_Driver 的文件夹(这些文件夹命名都是直接复制固件库相应的文件夹名),如图 2-3 所示。

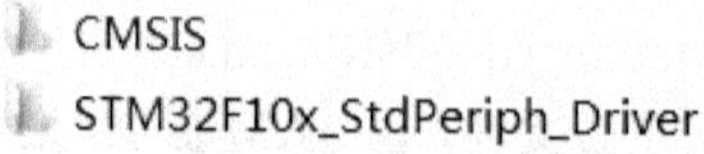

　　　CMSIS
　　　STM32F10x_StdPeriph_Driver

图 2-3　Libraries 文件夹里的内容

CMSIS 文件夹用于存放一些 CMSIS 标准文件和启动文件,如图 2-4 所示;STM32F10x_

StdPeriph_Driver 文件夹用于存放 STM32 外设的驱动文件，如图 2-5 所示。

core_cm3
core_cm3.h
startup_stm32f10x_hd.s
system_stm32f10x
system_stm32f10x.h

inc
src

图 2-4　CMSIS 文件夹里的内容　　　图 2-5　STM32F10x_StdPeriph_Driver 文件夹里的内容

STM32F10x_StdPeriph_Driver 文件夹内的文件都是直接从固件库"Libraries\STM32F10x_StdPeriph_Driver"目录下复制的，无需修改，里面存放的就是 STM32 标准外设驱动文件。src 目录中存放的是外设驱动的源文件，如图 2-6 所示；inc 目录中存放的是对应的头文件，如图 2-7 所示。

misc	stm32f10x_adc	stm32f10x_bkp
stm32f10x_can	stm32f10x_cec	stm32f10x_crc
stm32f10x_dac	stm32f10x_dbgmcu	stm32f10x_dma
stm32f10x_exti	stm32f10x_flash	stm32f10x_fsmc
stm32f10x_gpio	stm32f10x_i2c	stm32f10x_iwdg
stm32f10x_pwr	stm32f10x_rcc	stm32f10x_rtc
stm32f10x_sdio	stm32f10x_spi	stm32f10x_tim
stm32f10x_usart	stm32f10x_wwdg	

图 2-6　src 目录中存放的外设驱动源文件

misc.h	stm32f10x_adc.h	stm32f10x_bkp.h
stm32f10x_can.h	stm32f10x_cec.h	stm32f10x_crc.h
stm32f10x_dac.h	stm32f10x_dbgmcu.h	stm32f10x_dma.h
stm32f10x_exti.h	stm32f10x_flash.h	stm32f10x_fsmc.h
stm32f10x_gpio.h	stm32f10x_i2c.h	stm32f10x_iwdg.h
stm32f10x_pwr.h	stm32f10x_rcc.h	stm32f10x_rtc.h
stm32f10x_sdio.h	stm32f10x_spi.h	stm32f10x_tim.h
stm32f10x_usart.h	stm32f10x_wwdg.h	

图 2-7　inc 目录中存放的对应的头文件

(2) User 文件夹：用于存放用户编写的 main.c、stm32f10x.h 头文件、stm32f10x_conf.h 配置文件、stm32f10x_it.c 和 stm32f10x_it.h 中断函数文件，这些文件也是从固件库内复制而来的。User 文件夹内文件如图 2-8 所示。

main
stm32f10x.h
stm32f10x_conf.h
stm32f10x_it
stm32f10x_it.h

图 2-8　User 文件夹内文件

(3) Obj 文件夹：用于存放编译产生的 c/汇编/链接的列表清单、调试信息、hex 文件等。

2. 创建库函数工程模板

1) 新建工程

打开 KEIL5 软件，新建一个工程，直接保存在"库函数工程模板"文件夹下。

2) 选择 CPU

根据开发板使用的 CPU 具体的型号来选择。

3) 管理工程目录组

如果将"库函数工程模板"目录下的文件都添加到 Group 这个默认组中，显然是非常乱的，对于查找工程文件和工程维护极其不方便，因此需要根据文件类型来构建新的工程组。操作步骤如下：

右键单击 Project 窗口的"Target 1"，在弹出的下拉列表里选择"Manage Project Items…"选项，或者直接选择"Build"工具条上的 🔧 图标，如图 2-9 选择"Manage Project Items..."选项所示。

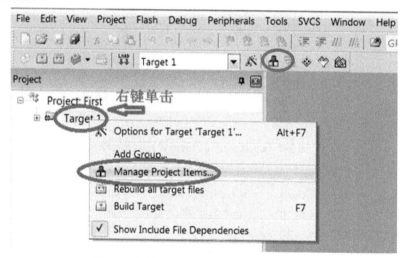

图 2-9　选择"Manage Project Items..."选项

弹出"Manage Project Items..."对话框，选择"Project Items"选项卡，在"Groups"栏中选择 🔲 图标，在弹出的输入框中填写新建工程目录组名称：User、Startup、StdPeriph_Driver 和 CMSIS。这样使工程目录更加清晰且方便文件查找。如图 2-10 所示。

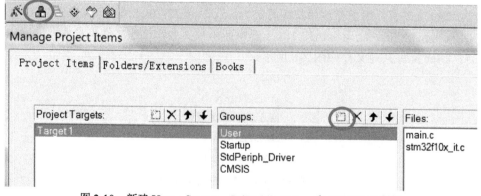

图 2-10　新建 User、Startup、StdPeriph_Driver 和 CMSIS 工程组

　　User 组用于存放 User 文件夹下的源文件，Startup 组用于存放 STM32 的启动文件，StdPeriph_Driver 组用于存放 STM32 外设的驱动源文件，CMSIS 组用于存放 CMSIS 标准文件，创建好的工程目录组如图 2-11 所示。

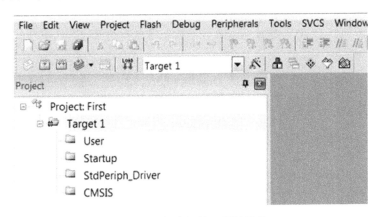

图 2-11　创建好的工程目录组

4) 给工程添加文件

　　在新建的工程目录组中添加文件，鼠标左键单击要添加的工程组，点击"Add Files"按钮，会弹出添加文件对话框，文件从"库函数模板创建"文件夹下选择，注意文件类型默认是 .c 文件，在 Startup 工程组中需要添加 STM32 的启动文件，启动文件类型是 .s，所以要将文件类型选择为"All files(*.*)"才能看到，点击"Add"即可添加，如图 2-12 所示。

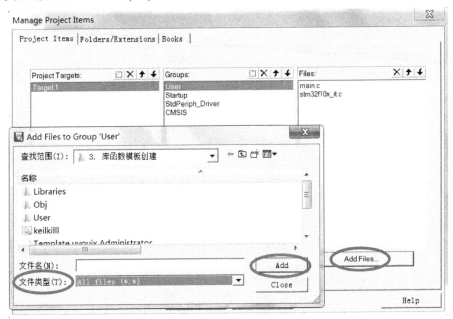

图 2-12　给工程添加文件

　　在选择对应文件夹内的文件时多出了另外 2 个文件夹 Objects 和 Listings，这是因为使用 KEIL5 创建工程时默认会产生这两个文件夹用于存放程序编译后的列表文件及 hex 等文件，可以将这两个文件夹删除。将所有文件都添加好后的工程目录组，如图 2-13 所示。

图 2-13　所有文件添加好后的工程目录组

5) 配置魔法棒

(1) Target 选项卡的配置和本书中项目 1 介绍的相同。

(2) Output 选项卡中把输出文件夹定位到工程目录下的 Obj 文件夹，再把 Create HEX File 选项选中。Output 选项卡配置如图 2-14 所示。

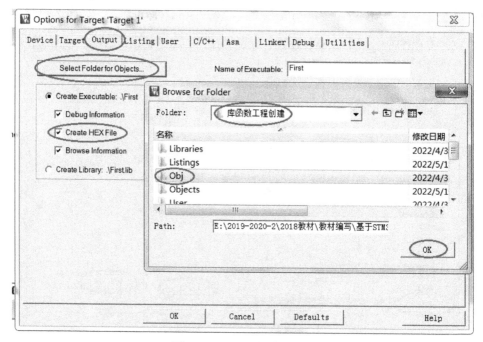

图 2-14　Output 选项卡配置

(3) Listing 选项卡中把输出文件夹也定位到工程目录下的 Obj 文件夹。其他设置默认。

(4) 对于 C/C++ 选项卡配置，因为创建的是库函数工程，所以需要对处理器类型和库进行宏定义，在 Define 这一栏中复制这两个宏："USE_STDPERIPH_DRIVER, STM32F10X

_HD"，注意它们之间有一个英文符的逗号。通过这两个宏就可以对 STM32F10x 系列芯片进行库开发，C/C++ 选项卡配置如图 2-15 所示。

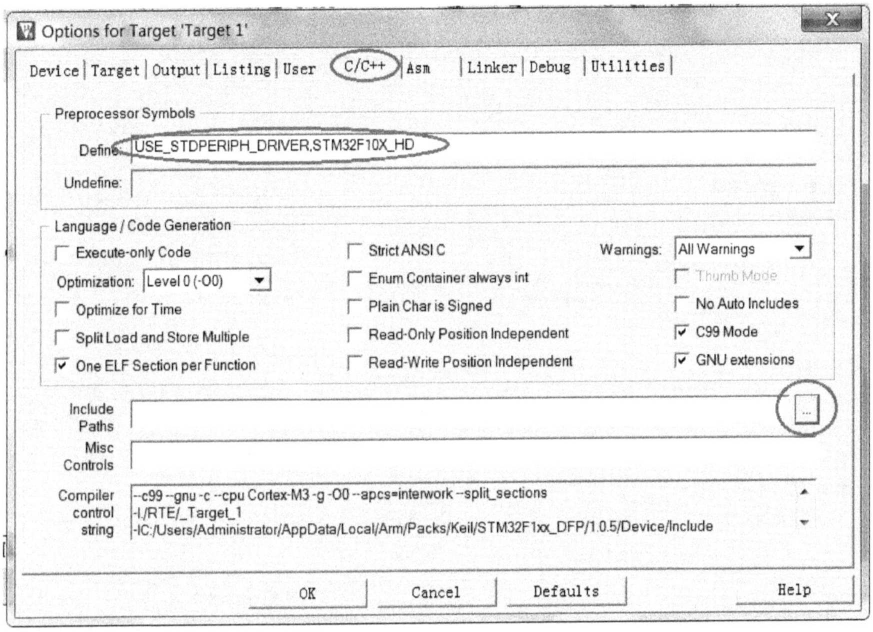

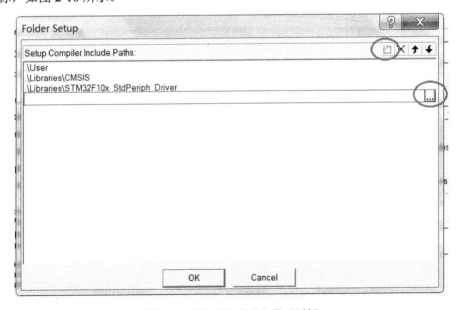

图 2-15   C/C++ 选项卡配置

设置好了宏，还需要将前面添加到工程组中的文件路径包括进来，点击图 2-15 右下角的图标，弹出一个添加头文件路径对话框，点击右上图标新建一个空路径列表，再点击右下图标，如图 2-16 所示。

图 2-16   添加头文件路径的对话框

弹出选择文件夹对话框，选择对应的头文件路径即可，这个头文件路径就是工程组中那些文件的头文件路径，选择好后点击最下方"选择文件夹"按钮，如图 2-17 所示。然后回到上一步重新建立一个空路径列表，再次添加路径，直到所有头文件路径添加完成。

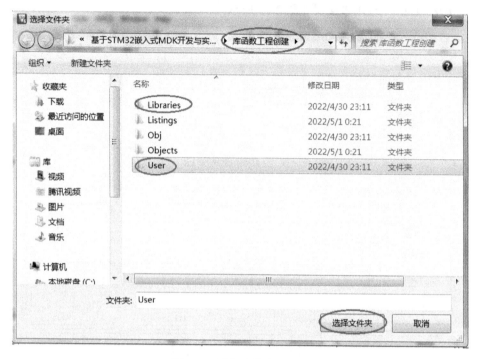

图 2-17　选择文件夹对话框

添加好的头文件路径如图 2-18 所示。

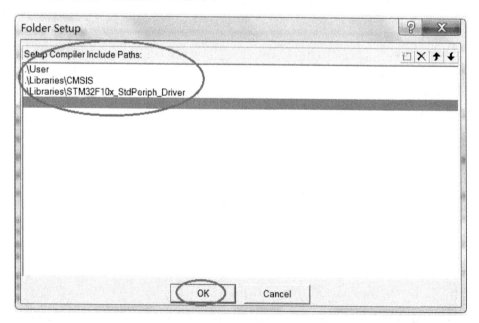

图 2-18　添加好的头文件路径

最后点击"OK"按钮即可。然后双击工程组中的 main.c 文件会发现里面有很多代码，这个是直接从 ST 公司提供的模板上复制过来的，所以把 main.c 文件内的所有内容删除，写上一个最简单的框架程序，输入如下内容：

```
#include"stm32f10x.h"
int main()
{
    while(1)
    {

    }
}
```

然后编译一下工程，编译后结果 0 错误 0 警告，表明创建的库函数模板完全正确。如图 2-19 编译工程所示。

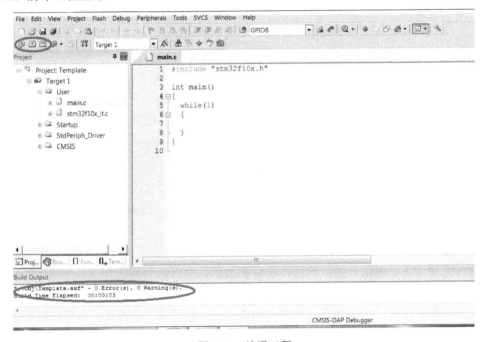

图 2-19 编译工程

2.3.2 认识 STM32 的 GPIO

GPIO(General Purpose Input Output)是通用输入输出端口的简称，每个 GPIO 端口有两个 32 位配置寄存器(GPIOx_CRL，GPIOx_CRH)、两个 32 位数据寄存器(GPIOx_IDR 和 GPIOx_ODR)、一个 32 位置位/复位寄存器(GPIOx_BSRR)、一个 16 位复位寄存器(GPIOx_BRR)和一个 32 位锁定寄存器(GPIOx_LCKR)。GPIO 端口的每个位可以由端口配置寄存器分别配置成多种模式。I/O 端口寄存器必须按"字(32 位)"被访问(不允许"半字(16 位)"或字节访问)。

1. GPIO 结构框图

STM32 GPIO 端口位的内部结构如图 2-20 所示。

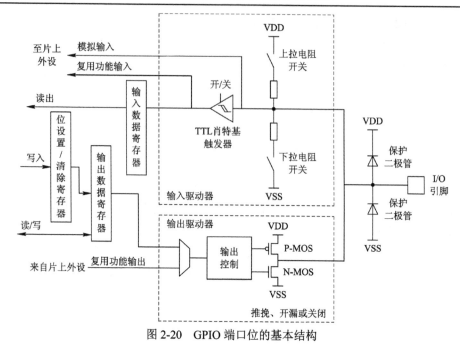

图 2-20　GPIO 端口位的基本结构

图 2-20 中最右端的 I/O 端口就是 STM32 芯片的引脚,其他部分都在 STM32 芯片内部。其组成部分功能分述如下。

1) 保护二极管

引脚内部的两个保护二极管可以防止引脚外部过高或过低的电压输入,当引脚电压高于 VDD 时,上方的二极管导通,当引脚电压低于 VSS 时,下方的二极管导通,防止不正常电压引入芯片导致芯片损坏。

2) 上下拉电阻

通过配置上下拉电阻开关,可以控制引脚的默认电平。当只闭合上拉电阻的开关时,引脚默认电压为高电平;只闭合下拉电阻的开关时,引脚默认电压为低电平。当将上拉和下拉的开关都断开时,这种状态称为浮空模式,一旦配置成这个模式,引脚的电压就是不确定的。STM32 内部的上拉是一个弱上拉,通过此上拉电阻输出的电流很小,如果要输出一个大电流,就需要外接上拉电阻。

3) P-MOS 和 N-MOS 管

GPIO 引脚经过两个保护二极管后就分成两路,上面一路是“输入模式”,下面一路是“输出模式”,见图 2-20 中的“输入驱动器”和“输出驱动器”两个虚线框。输出模式线路经过 P-MOS 和 N-MOS 管组成的单元电路,让 GPIO 引脚具有推挽和开漏两种输出模式。

在推挽输出模式时,当该结构单元输入一个高电平时,P-MOS 管导通,N-MOS 管截止,对外输出高电平(3.3 V);当该单元输入一个低电平时,P-MOS 管截止,N-MOS 管导通,对外输出低电平(0 V);当切换输入高低电平时,两个 MOS 管将轮流导通,一个负责灌电流(电流输出到负载),一个负责拉电流(负载电流流向芯片),使其负载能力和开关速度都比普通的方式有很大的提高。

在开漏输出模式时，不论输入是高电平还是低电平，P-MOS 管总处于关闭状态。当给这个单元电路输入低电平时，N-MOS 管导通，输出即为低电平；当给这个单元电路输入高电平时，N-MOS 管截止，输出为高阻态；如果想让引脚输出高电平，那么引脚必须外接一个上拉电阻来提供高电平。开漏输出模式引脚具有"线与"关系，当很多个开漏输出模式的引脚接在一起时，只要有一个引脚为低电平，其他所有管脚都为低电平，只有当所有引脚输出高阻态时，这条总线的电平才由上拉电阻的 VDD 决定。

在实际应用中一般选择推挽输出模式。

4) 输出数据寄存器

双 MOS 管(P-MOS 管和 N-MOS 管)单元电路的输入信号是由 GPIO 的输出数据寄存器 GPIOx_ODR 提供的，通过置位/复位寄存器 GPIOx_BSRR 修改输出数据寄存器 GPIOx_ODR 的值便可控制电路的输出。

端口位设置/清除寄存器(GPIOx_BSRR)(x = A…E)如图 2-21 所示，端口输出数据寄存器(GPIOx_ODR)(x = A…E)如图 2-22 所示。

31	30	29	28	27	26	25	24	23	22	21	20	19	18	17	16
BR15	BR14	BR13	BR12	BR11	BR10	BR9	BR8	BR7	BR6	BR5	BR4	BR3	BR2	BR1	BR0
w	w	w	w	w	w	w	w	w	w	w	w	w	w	w	w

15	14	13	12	11	10	9	8	7	6	5	4	3	2	1	0
BS15	BS14	BS13	BS12	BS11	BS10	BS9	BS8	BS7	BS6	BS5	BS4	BS3	BS2	BS1	BS0
w	w	w	w	w	w	w	w	w	w	w	w	w	w	w	w

图 2-21　端口位设置/清除寄存器(GPIOx_BSRR)(x=A…E)

图中：

● BRy：清除端口 x 的位 y(y = 0…15)，这些位只能写入，且只能以字(16 位)的形式操作。取值及含义如下：0 表示对对应的 ODRy 位不产生影响，1 表示清除对应的 ODRy 位为 0。

● BSy：设置端口 x 的位 y(y = 0…15)，这些位只能写入且只能以字(16 位)的形式操作。取值及含义如下：0 表示对对应的 ODRy 位不产生影响，1 表示设置对应的 ODRy 位为 1。

注：如果同时设置了 BSy 和 BRy 的对应位，则 BSy 位起作用。

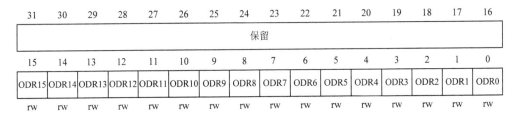

31	30	29	28	27	26	25	24	23	22	21	20	19	18	17	16
保留															

15	14	13	12	11	10	9	8	7	6	5	4	3	2	1	0
ODR15	ODR14	ODR13	ODR12	ODR11	ODR10	ODR9	ODR8	ODR7	ODR6	ODR5	ODR4	ODR3	ODR2	ODR1	ODR0
rw	rw	rw	rw	rw	rw	rw	rw	rw	rw	rw	rw	rw	rw	rw	rw

图 2-22　端口输出数据寄存器(GPIOx_ODR)(x=A…E)

图中，ODRy[15:0]是端口输出数据(y=0…15)，这些位可读可写，且只能以字(16 位)的形式操作。

注：通过对 GPIOx_BSRR(x = A…E)进行写入操作，可以分别对各个 ODR 位进行独立设置/清除。

5) 复用功能输出

由于 STM32 的 GPIO 引脚具有第二功能(即复用功能)，当使用复用功能的时候，也就是通过其他外设复用功能输出信号与 GPIO 数据寄存器的输出一起连接到双 MOS 管电路的输入，其中梯形符号是用来选择使用复用功能还是普通 I/O 口功能的控制逻辑。

6) 输入数据寄存器

输入数据寄存器 GPIOx_IDR 是由 I/O 口经过上下拉电阻、TTL 肖特基触发器引入。当信号经过触发器，模拟信号将变为数字信号 0 或 1 存储在输入数据寄存器中，通过读取输入数据寄存器就可以知道 I/O 口的电平状态。端口输入数据寄存器(GPIOx_IDR)(x = A···E)如图 2-23 所示。

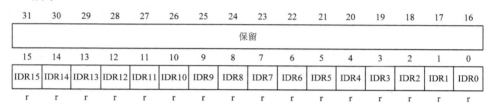

图 2-23　端口输入数据寄存器(GPIOx_IDR)(x=A···E)

图中，IDRy[15:0]是端口输入数据(y=0···15)，这些位为只读操作位，且只能以字(16 位)的形式读出，读出的值为对应 I/O 口的状态。

7) 复用功能输入

此模式与复用功能输出类似，在复用功能输入模式时，GPIO 引脚的信号传输到 STM32 其他片上外设，由该外设读取引脚的状态。

8) 模拟输入输出

当 GPIO 引脚用于 ADC 采集电压的输入通道时，为"模拟输入"功能，信号无需经过触发器，采集原始的模拟信号；当 GPIO 引脚用于 DAC 作为模拟电压输出通道时，为"模拟输出"功能，DAC 的模拟信号直接通过管脚输出。

2. GPIO 端口模式配置

在 GPIO 外设中，通过设置端口配置寄存器 GPIOx_CRL 控制端口的低 8 位，以及配置 GPIOx_CRH 控制端口的高八位，可配置 GPIO 的工作模式和输出速度(输出速度即输出位高低电平的最高切换频率，为简便起见，后文对输出速度的描述均以 Hz 为单位)。端口配置低寄存器(GPIOx_CRL)(x = A···E)如图 2-24 所示，端口配置高寄存器(GPIOx_CRH)(x = A···E)如图 2-25 所示。

31	30	29	28	27	26	25	24	23	22	21	20	19	18	17	16
CNF7[1:0]		MODE7[1:0]		CNF6[1:0]		MODE6[1:0]		CNF5[1:0]		MODE5[1:0]		CNF4[1:0]		MODE4[1:0]	
rw	rw	rw	rw	rw	rw	rw	rw	rw	rw	rw	rw	rw	rw	rw	rw

15	14	13	12	11	10	9	8	7	6	5	4	3	2	1	0
CNF3[1:0]		MODE3[1:0]		CNF2[1:0]		MODE2[1:0]		CNF1[1:0]		MODE1[1:0]		CNF0[1:0]		MODE0[1:0]	
rw	rw	rw	rw	rw	rw	rw	rw	rw	rw	rw	rw	rw	rw	rw	rw

图 2-24　端口配置低寄存器(GPIOx_CRL)(x = A···E)

31	30	29	28	27	26	25	24	23	22	21	20	19	18	17	16
CNF15[1:0]		MODE15[1:0]		CNF14[1:0]		MODE14[1:0]		CNF13[1:0]		MODE13[1:0]		CNF12[1:0]		MODE12[1:0]	
rw	rw	rw	rw	rw	rw	rw	rw	rw	rw	rw	rw	rw	rw	rw	rw

15	14	13	12	11	10	9	8	7	6	5	4	3	2	1	0
CNF11[1:0]		MODE11[1:0]		CNF10[1:0]		MODE10[1:0]		CNF9[1:0]		MODE9[1:0]		CNF8[1:0]		MODE8[1:0]	
rw	rw	rw	rw	rw	rw	rw	rw	rw	rw	rw	rw	rw	rw	rw	rw

图 2-25　端口配置高寄存器(GPIOx_CRH)(x = A…E)

图中：

● CNFy[1:0]：端口 x 配置位(y = 0…15)，软件通过这些位来配置相应的 I/O 端口。在输出模式(MODE[1:0]>00)，取值及含义如下：00 表示通用推挽输出模式，01 表示通用开漏输出模式，10 表示复用功能推挽输出模式，11 表示复用功能开漏输出模式。

● MODEy[1:0]：端口 x 的模式位(y = 0…15)，软件通过这些位来配置相应的 I/O 端口。取值及含义如下：00 表示输入模式(复位后的状态)；01 表示输出模式，最大输出速度为 10 MHz；10 表示输出模式，最大输出速度为 2 MHz；11 表示输出模式，最大输出速度为 50 MHz。

软件通过这些位配置相应的 I/O 端口，如表 2-6 所示。

表 2-6　端口位配置表

配置模式		CNF1	CNF0	MODE1	MODE0	PxODR 寄存器
通用输出	推挽(Push-Pull)	0	0	00：保留 01：最大输出速度为 10 MHz 10：最大输出速度为 2 MHz 11：最大输出速度为 50 MHz		0 或 1
	开漏(Open-Drain)		1			0 或 1
复用功能输出	推挽(Push-Pull)	1	0			不使用
	开漏(Open-Drain)		1			不使用
输入	模拟输入	0	0	00		不使用
	浮空输入		1			不使用
	下拉输入	1	0			0
	上拉输入					1

1) 输入模式

在输入模式时，可通过输入数据寄存器读取 I/O 状态，可以配置为模拟、上拉、下拉以及浮空模式。上拉输入和下拉输入默认的电平由上拉或者下拉决定；浮空输入的电平是不确定的，由外部的输入决定，一般连接按键的时候使用这个模式；模拟输入则用于 ADC 采集。

2) 输出模式

在输出模式时，推挽模式下双 MOS 管以推挽方式工作，输出数据寄存器控制 I/O 输出高低电平；开漏模式下只有 N-MOS 管工作，输出数据寄存器可控制 I/O 输出高阻态或低电平。输出速度可配置为 2 MHz/10 MHz/50 MHz。速度越高功耗越大，如果对功耗要求不严格，把速度设置成最大即可。

3）复用功能

复用功能模式中，输出时，可配置输出速度，可设定开漏或推挽输出模式，由于复用输出信号源于其他外设，因此输出数据寄存器无效；输入时，通过读取输入数据寄存器获取 I/O 实际状态，但一般直接用外设的寄存器来获取该数据信号。

4）模拟输入输出

模拟输入输出模式中，其他外设通过模拟通道进行输入输出。

2.3.3　使用 GPIO 库函数点亮流水灯

1. 硬件设计

在开发板上设计流水灯电路，如 1.3.1 节的图 1-24 所示的 LED 电路图。

2. 软件设计

复制创建好的库函数工程模板文件夹，重新命名为"使用库函数点亮流水灯"。在其目录下新建一个名为 APP 的文件夹，用于存放开发板上所有外设的驱动程序。本任务所要操作的外设是 LED，所以在 APP 目录下新建一个名为 LED 的文件夹用于存放 LED 驱动程序，假如后面要操作开发板上的其他外设，同样在 APP 目录下新建一个有含义的英文名文件夹，用于存放该外设的驱动程序。这样做的好处是方便快速移植代码，工程目录清晰，为后续维护带来方便。

对 GPIO 操作的库函数都含在 stm32f10x_gpio.c 中，对应的 stm32f10x_gpio.h 是函数的申明及一些选项配置的宏定义，开启外设时钟的库函数是 stm32f10x_rcc.c，对应的头文件是 stm32f10x_rcc.h，这几个文件在工程模板中已经添加，这里还需要在 KEIL5 中把新建的 LED 文件的路径包括进来。

1）GPIO 的初始化函数 GPIO_Init

在库函数中实现 GPIO 的初始化的函数是 GPIO_Init，表 2-7 是该函数的定义。

表 2-7　函数 GPIO_Init 的定义

函数名	GPIO_Init
函数原型	void GPIO_Init(GPIO_TypeDef* GPIOx, GPIO_InitTypeDef* GPIO_InitStruct)
功能描述	根据 GPIO_InitStruct 中指定的参数来初始化外设 GPIOx 寄存器
输入参数 1	GPIOx：x 可以是 A、B、C、D 或者 E，来选择 GPIO 外设
输入参数 2	GPIO_InitStruct：指向结构 GPIO_InitTypeDef 的指针，包含了外设 GPIO 配置信息

GPIO_Init 函数内有两个形参，第一个形参是 GPIO_TypeDef 类型的指针变量。GPIO_TypeDef 又是一个结构体类型，封装了 GPIO 外设的所有寄存器，所以给它传送 GPIO 外设基地址即可通过指针操作寄存器内容。其实这些就是封装好的 GPIO 外设基地址，在

stm32f10x.h 文件中可以找到，代码如下：

```
typedef struct
{
    __IO uint32_t CRL;
    __IO uint32_t CRH;
    __IO uint32_t IDR;
    __IO uint32_t ODR;
    __IO uint32_t BSRR;
    __IO uint32_t BRR;
    __IO uint32_t LCKR;
}GPIO_TypeDef;
```

　　第二个形参是 GPIO_InitTypeDef 类型的指针变量。GPIO_InitTypeDef 也是一个结构体类型，里面封装了 GPIO 外设的寄存器配置成员。初始化 GPIO，其实就是对这个结构体进行配置。GPIO_InitTypeDef 结构体定义于文件"stm32f10x_gpio.h"中，代码如下：

```
typedef struct
{
    u16 GPIO_Pin;
    GPIOSpeed_TypeDef GPIO_Speed;
    GPIOMode_TypeDef GPIO_Mode;
}GPIO_InitTypeDef;
```

● GPIO_Pin：该参数选择待设置的 GPIO 管脚，使用操作符"|"可以一次选中多个管脚。可以使用表 2-8 GPIO_Pin 值中的任意组合。

表 2-8　GPIO_Pin 值

GPIO_Pin	描　　述
GPIO_Pin_None	无管脚被选中
GPIO_Pin_0	选中管脚 0
GPIO_Pin_1	选中管脚 1
GPIO_Pin_2	选中管脚 2
GPIO_Pin_3	选中管脚 3
GPIO_Pin_4	选中管脚 4
GPIO_Pin_5	选中管脚 5
GPIO_Pin_6	选中管脚 6
GPIO_Pin_7	选中管脚 7
GPIO_Pin_8	选中管脚 8
GPIO_Pin_9	选中管脚 9

续表

GPIO_Pin	描 述
GPIO_Pin_10	选中管脚 10
GPIO_Pin_11	选中管脚 11
GPIO_Pin_12	选中管脚 12
GPIO_Pin_13	选中管脚 13
GPIO_Pin_14	选中管脚 14
GPIO_Pin_15	选中管脚 15
GPIO_Pin_All	选中全部管脚

● GPIO_Speed：用以设置选中管脚的速率，表 2-9 给出了该参数可取的值。

表 2-9 GPIO_Speed 值

GPIO_Speed	描 述
GPIO_Speed_10 MHz	最高输出速率 10 MHz
GPIO_Speed_2 MHz	最高输出速率 2 MHz
GPIO_Speed_50 MHz	最高输出速率 50 MHz

● GPIO_Mode：用以设置选中管脚的工作状态，表 2-10 给出了该参数可取的值。

表 2-10 GPIO_Mode 值

GPIO_Mode	描 述
GPIO_Mode_AIN	模拟输入
GPIO_Mode_IN_FLOATING	浮空输入
GPIO_Mode_IPD	下拉输入
GPIO_Mode_IPU	上拉输入
GPIO_Mode_Out_OD	开漏输出
GPIO_Mode_Out_PP	推挽输出
GPIO_Mode_AF_OD	复用开漏输出
GPIO_Mode_AF_PP	复用推挽输出

例如，设置所有的 GPIOA 管脚为浮空输入模式的代码如下：

```
GPIO_InitTypeDef GPIO_InitStructure;
GPIO_InitStructure.GPIO_Pin = GPIO_Pin_All;
GPIO_InitStructure.GPIO_Speed = GPIO_Speed_10 MHz;
GPIO_InitStructure.GPIO_Mode = GPIO_Mode_IN_FLOATING;
GPIO_Init(GPIOA, &GPIO_InitStructure);
```

如果想快速查看代码或参数，可以用鼠标右键点击要查找的函数或者参数，然后选择"Go To Definition Of…"即可进入所要查找的函数或参数内。例如，查找 led.c 文件中的 GPIO_Init()函数，如图 2-26 所示。

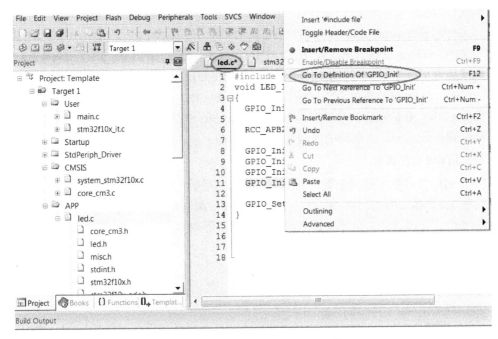

图 2-26　快速查找 GPIO_Init()函数

2) 外设时钟使能函数 RCC_APB2PeriphClockCmd

在 STM32 中要操作外设，必须将其外设时钟使能，因为 GPIO 外设挂接在 APB2 总线上，所以是对 APB2 总线时钟进行使能。该函数的原形为：void RCC_APB2PeriphClockCmd (u32 RCC_APB2Periph, Functional State NewState)，函数内有两个参数，一个用来选择外设时钟，一个用来选择使能(ENABLE)还是失能(DSIABLE)。例如，选择使能 GPIOB 的时钟，调用函数如下：

　　　RCC_APB2Periph ClockCmd(RCC_APB2Periph_GPIOB,ENABLE);　　　　//使能 GPIOB 外设时钟

这部分内容在后面讲解 STM32 的时钟系统时有详细介绍。

3) 设置指定的数据端口位函数 GPIO_SetBits

此函数功能是让 GPIO 端口的指定管脚输出高电平，函数的定义如表 2-11 所示。

表 2-11　函数 GPIO_SetBits

函数名	GPIO_SetBits
函数原型	void GPIO_SetBits(GPIO_TypeDef* GPIOx, u16 GPIO_Pin)
功能描述	设置指定的数据端口位
输入参数 1	GPIOx：x 可以是 A、B、C、D 或者 E，来选择 GPIO 外设
输入参数 2	GPIO_Pin：待设置的端口位 该参数可以取 GPIO_Pin_x(x 可以是 0…15)的任意组合 参阅表 2-8 GPIO_Pin 值，查阅更多该参数允许的取值范围

函数内有两个参数，一个是端口的选择，一个是端口管脚的选择。如果要对同一端口的多个管脚输出高电平，可以使用"|"运算符，相应地在对结构体初始化配置时管脚设置也要使用"|"运算符将管脚添加进去(前提条件是：要操作的多个引脚必须是配置同一种

工作模式）。例如：

```
GPIO_InitStructure.GPIO_Pin = GPIO_Pin_0 | GPIO_Pin_1 | GPIO_Pin_2 | GPIO_Pin_3; //管脚设置
GPIO_SetBits(GPIOB, GPIO_Pin_0 | GPIO_Pin_1 | GPIO_Pin_2 | GPIO_Pin_3);   //管脚输出高电平
```

如果要输出低电平，可以使用库函数 GPIO_ResetBits：

```
GPIO_ResetBits(GPIOB, GPIO_Pin_0 | GPIO_Pin_1 | GPIO_Pin_2 | GPIO_Pin_3);
```

函数 GPIO_ResetBits 的功能和函数 GPIO_SetBits 的功能是相反的，即让 GPIO 端口的指定管脚输出低电平，函数体的参数功能是一样的。

4）LED 初始化函数

LED 初始化函数不是库函数，是由用户编写完成的 LED 驱动程序，所以在 LED 文件夹内新建 led.c 和 led.h 文件，通常 .c 文件用于存放编写的驱动程序，.h 文件用于存放 .c 内的头文件、管脚定义、全局变量声明、函数声明等内容。

在 led.c 文件内编写如下代码：

```
#include"led.h"
void LED_Init()
{
    GPIO_Init TypeDef GPIO_InitStructure;                    //定义结构体变量
    RCC_APB2Periph ClockCmd(RCC_APB2Periph_GPIOB, ENABLE);   //使能 GPIOB 外设时钟
    GPIO_InitStructure.GPIO_Pin = GPIO_Pin_0 | GPIO_Pin_1 | GPIO_Pin_2 | GPIO_Pin_3;
                                                             //选择要设置的 I/O 口
    GPIO_InitStructure.GPIO_Mode = GPIO_Mode_Out_PP;         //设置输出模式为推挽
    GPIO_InitStructure.GPIO_Speed = GPIO_Speed_50 MHz;       //设置传输速率为 50 MHz
    GPIO_Init(GPIOB, &GPIO_InitStructure);                   //*初始化 GPIOB*/
    GPIO_SetBits(GPIOB, GPIO_Pin_0 | GPIO_Pin_1 | GPIO_Pin_2 | GPIO_Pin_3);
                                                   //将 LED 端口设置为高电平，以熄灭所有 LED
}
```

LED_Init()函数就是对 LED 所接端口的初始化，是按照 GPIO 初始化步骤完成的。

在 led.h 文件内编写如下代码：

```
#ifndef_led_H
#define_led_H
#include "stm32f10x.h"
void LED_Init(void);
#endif
```

在 led.h 文件中可以看到使用了一个定义头文件的结构，代码如下：

```
#ifndef_led_H
#define_led_H
......          //此处省略头文件定义的内容
#endif
```

它的功能是防止头文件被重复包含，避免引起编译错误。在头文件的开头，使用"#ifndef"关键字，判断标号"_led_H"是否被定义，若没有被定义，则从"#ifndef"至

"#endif"关键字之间的内容都有效，也就是说，这个头文件若被其他文件"#include"，它就会被包含到其他文件中，且头文件中紧接着使用"#define"关键字定义上面判断的标号"_led_H"。当这个头文件被同一个文件第二次"#include"包含的时候，由于有了第一次包含中的"#define_led_H"定义，这时再判断"#ifndef_led_H"，判断的结果就是假了，从"#ifndef"至"#endif"之间的内容都无效，从而防止了同一个头文件被包含多次，编译时就不会出现"redefine(重复定义)"的错误了。

一般来说，不会直接在源文件写两个"#include"来包含同一个头文件，但可能因为头文件内部的包含导致重复，这种代码主要是为避免这样的问题。如"led.h"文件中调用了#include "stm32f10x.h"头文件，可能写主程序的时候会在 main 文件开始处调用#include "stm32f10x.h"和"led.h"，这个时候"stm32f10x.h"文件就被包含两次了，如果在头文件中没有这样做，编译器就会报错。

5) 主函数

最后在 main.c 文件内输入如下代码：

```c
#include  "stm32f10x.h"
#include  "led.h"
void delay(unsigned int i)
{
    while(i--);
}
int main()
{
    LED_Init();
    while(1)
    {
        GPIO_ResetBits(GPIOB, GPIO_Pin_0);
        delay(0xFFFFF);
        GPIO_SetBits(GPIOB, GPIO_Pin_0);
        GPIO_ResetBits(GPIOB, GPIO_Pin_1);
        delay(0xFFFFF);
        GPIO_SetBits(GPIOB, GPIO_Pin_1);
        GPIO_ResetBits(GPIOB, GPIO_Pin_2);
        delay(0xFFFFF);
        GPIO_SetBits(GPIOB, GPIO_Pin_2);
        GPIO_ResetBits(GPIOB, GPIO_Pin_3);
        delay(0xFFFFF);
        GPIO_SetBits(GPIOB, GPIO_Pin_3);
    }
}
```

主函数首先调用 LED 初始化函数,然后进入 while 循环,通过调用库函数 GPIO_setBits 和 GPIO_ResetBits 使 LED0～LED3 循环点亮熄灭,实现流水灯效果。

3. 工程编译与调试

将编写好的程序编译后,如果没有报错即可将程序下载到开发板内运行,运行结果是 LED 模块上的 LED0～LED3 轮流点亮,效果如图 2-27 所示。

图 2-27　流水灯效果图

举 一 反 三

1. 快速查找几个函数:GPIO_Init、GPIO_SetBits、GPIO_ResetBits,获取函数的功能及使用方法。

2. 创建一个自己的库函数模板。

3. 点亮 LED2 指示灯。

4. 实现 LED3 闪烁。

5. 实现 LED 花样流水灯效果。

6. 使用 GPIO_Write 函数实现对组输出 IO 控制,写出流水灯效果。

项目3　数码管显示控制设计与实现

▶》学习目标

1. 掌握 STM32 时钟系统的相关知识。
2. 掌握 STM32 的位带操作。
3. 掌握利用 SysTick 定时器实现精确延时的方法。
4. 了解数码管的结构、工作原理和显示方式。
5. 掌握数码管静态和动态显示设计方法。

3.1　STM32 的时钟系统

STM32 内部有很多的外设，但不是所有外设都使用同一时钟频率工作。本节将向大家介绍 STM32 的时钟系统，通过介绍 STM32 时钟的配置过程，让大家掌握系统时钟设置和外设时钟设置的方法。

3.1.1　STM32 时钟树

STM32 的时钟树如图 3-1 所示。

1. 时钟源

在 STM32 时钟系统中，有 5 个重要的时钟源，分别是
- LSI(Low Speed Internal clock signal)；
- LSE(Low Speed External clock signal)；
- HSI(High Speed Internal clock signal)；
- HSE(High Speed External clock signal)；
- PLL(Phase Locked Loop)。

按照时钟频率的高低划分，STM32 时钟系统的时钟源可分为高速时钟源和低速时钟源，其中 HSI、HSE 以及 PLL 属于高速时钟源，LSI 和 LSE 属于低速时钟源。

按照时钟来源划分，STM32 时钟系统的时钟源可分为外部时钟源和内部时钟源。外部时钟源就是以在 STM32 晶振管脚处接入外部晶振的方式获取的时钟源，其中 HSE 和 LSE 是外部时钟源，HSI、LSI 和 PLL 是内部时钟源。分别详述如下：

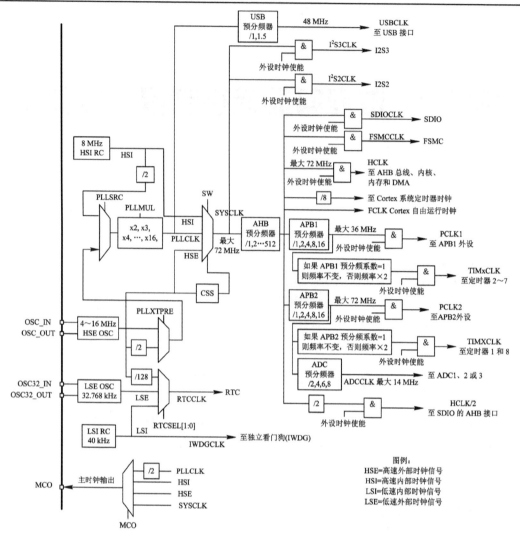

图 3-1 STM32 时钟树

(1) HSI 是高速内部时钟源。HSI 时钟信号由内部 8 MHz 的 RC 振荡器产生，可直接作为系统时钟或在 2 分频后作为 PLL 输入，当 HSI 作为 PLL 时钟的输入时，系统时钟能得到的最大频率是 64 MHz。可通过多个预分频器配置 AHB、高速 APB(APB2) 和低速 APB(APB1) 的频率。AHB 和 APB2 的最大频率是 72 MHz，APB1 的最大允许频率是 36 MHz。

(2) HSE 是高速外部时钟源，可外接一个频率为 4~16 MHz 范围内的时钟或者晶振，开发板上接的是一个 8 MHz 的外部晶振。HSE 可以作为系统时钟和 PLL 锁相环输入，还可以经过 128 分频后输入给 RTC 实时时钟。

(3) LSI 是低速内部时钟源，可以在停机和待机模式下保持运行。LSI 时钟频率大约为 40 kHz，可供独立看门狗和 RTC 使用(独立看门狗只能使用 LSI 时钟)。

(4) LSE 是低速外部时钟源。它可为实时时钟 RTC 或者其他定时功能提供一个低功耗且精确的时钟源。开发板上接的是 32.768 kHz 的晶振，供 RTC 使用。

(5) PLL 用于倍频输出，从图 3-1 中可以看到，PLL 时钟输入源可选择 HSI/2、HSE

或者 HSE/2，在主 PLL 内有倍频器和分频器。PLL 时钟源的输入信号要先经过一个 PLLMUL 倍频器，将 HSE 或 HSI 倍频后输入给 PLLCLK。如果系统时钟 SYSCLK 选择 PLLCLK 作为其时钟来源，则最大值不能超过 72 MHz。假如 PLL 的时钟来源由 HSE 提供，开发板使用的 HSE 是 8 MHz 晶振，经过 PLLMUL = 9 倍频后可以输出 72 MHz 时钟频率给 PLLCLK，即 SYSCLK 为 72 MHz，这个也是库函数中 SystemInit 所配置的最终系统时钟。

2. 外设时钟和系统时钟

MCO 是 STM32 的一个时钟输出端，可以选择 PLL 输出的 2 分频、HSI、HSE 或者系统时钟，这个时钟可以用来给外部其他系统提供时钟源。

RTC 时钟来源可以是内部低速的 LSI 时钟，或外部低速的 LSE 时钟(32.768 kHz)，还可以通过高速外部时钟 HSE 的 128 分频得到。

USB 时钟，STM32 中有一个全速功能的 USB 模块，需要一个频率为 48 MHz 的时钟源，该时钟源只能从 PLL 输出端获取，可以选择为 1.5 分频或者 1 分频，当使用 USB 模块时，PLL 必须使能，并且 PLLCLK 时钟频率配置为 48 MHz 或 72 MHz。

SYSCLK 系统时钟，其时钟来源由 HSI、HSE 和 PLLCLK 提供，选择 PLLCLK 作为系统时钟会有一个比较高的时钟频率。

其他所有外设的时钟最终来源都是 SYSCLK。SYSCLK 通过 AHB 分频器分频后送给各模块使用。这些模块包括：

(1) AHB 总线、内核、内存和 DMA 使用的 HCLK 时钟。

(2) 通过 8 分频后送给 Cortex 系统定时器时钟，即 SysTick。

(3) 直接送给 Cortex 的自由运行时钟 FCLK。

(4) APB1 分频器输出一路供 APB1 外设使用(PCLK1，最大频率 36 MHz)，另一路送给定时器(Timer)1 和 2 倍频器使用。

(5) APB2 分频器输出一路供 APB2 外设使用(PCLK2，最大频率 72 MHz)，另一路送给定时器(Timer)1 和 2 倍频器使用。

(6) ADC 分频器经过 2、4、6、8 分频后送给 ADC1、2 或 3 使用，ADCCLK 最大频率为 14 MHz。

(7) 通过 2 分频后送给 SDIO 使用。

在时钟树图中可以看到大多数时钟输出部分都有一个使能控制，当需要使用某个时钟的时候一定要开启相应的使能，否则将不工作，所以在前面介绍 LED 灯控制的时候就使能了 GPIO 的外设时钟。

3.1.2 　时钟配置函数

1. SystemInit()函数

在前面章节的介绍中，我们知道 STM32 系统复位后首先进入 SystemInit()函数进行时钟的设置，然后进入主函数 main()。现分析 SystemInit()函数是如何进行时钟设置的。在 system_stm32f10x.c 文件中找到 SystemInit()函数，也可以直接打开其头文件，(通过前面教大家的快速进入函数的方法)进入到 SystemInit()函数内。

SystemInit()函数相关代码如下：

```
void SystemInit(void)
{
    RCC->CR |= (uint32_t)0x00000001;              (1)
    ......
    RCC->CFGR &= (uint32_t)0xF8FF0000;            (2)
    ......
    RCC->CFGR &= (uint32_t)0xF0FF0000;
    ......
    RCC->CR &= (uint32_t)0xFEF6FFFF;              (3)
    RCC->CR &= (uint32_t)0xFFFBFFFF;
    RCC->CFGR &= (uint32_t)0xFF80FFFF;
    ......
    SetSysClock();                                (4)
    ......
}
```

在上述代码后面标注了序号，按照序号顺序说明如下：

第(1)行：默认情况下如果 RCC_CR 寄存器复位，则选择 HSI 作为系统时钟。也就是说，调用 SystemInit()函数之后，首先是选择 HSI 作为系统时钟，在设置完相关寄存器后才换成 HSE 作为系统时钟。RCC_CR 寄存器定义如图 3-2 所示。

31	30	29	28	27	26	25	24	23	22	21	20	19	18	17	16
保留						PLL RDY	PLL ON	保留				CSS ON	HSE BYP	HSE RDY	HSE ON
						r	rw					rw	rw	r	rw

15	14	13	12	11	10	9	8	7	6	5	4	3	2	1	0
HSICAL[7:0]								HSITRIM[4:0]					保留	HSI RDY	HSI ON
r	r	r	r	r	r	r	r	rw	rw	rw	rw	rw		r	rw

图 3-2　时钟控制寄存器(RCC_CR)

图中：

● 位[24]：PLL ON，PLL 使能，由软件置"1"或清"0"。取值及含义如下：0 表示 PLL 关闭，1 表示 PLL 使能。

● 位[16]：HSE ON，高速外部时钟使能，由软件置"1"或清"0"。取值及含义如下：0 表示 HSE 振荡器关闭，1 表示 HSE 振荡器开启。

● 位[0]：HSI ON，高速内部时钟使能，由软件置"1"或清"0"。取值及含义如下：0 表示内部 8 MHz 振荡器关闭，1 表示内部 8 MHz 振荡器开启。

第(2)行：用来设置时钟配置寄存器(RCC_CFGR)，主要是对 MCO(时钟输出)、PLL(PLL 倍频系数和 PLL 输入时钟源)、ADCPRE(ADC 时钟)、PPRE2(高速 APB 分频系数)、PPRE1(低速 APB 分频系数)、HPRE(AHB 预分频系数)以及 SW(系统时钟切换)等进行复位设置。时钟配置寄存器(RCC_CFGR)的定义如图 3-3 所示。

31	30	29	28	27	26	25	24	23	22	21	20	19	18	17	16
保留					MCO[2:0]			保留	USB PRE	PLLMUL[3:0]				PLL XTPRE	PLL SRC
					rw	rw	rw		rw	rw	rw	rw	rw	rw	rw

15	14	13	12	11	10	9	8	7	6	5	4	3	2	1	0
ADCPRE[1:0]		PPRE2[2:0]			PPRE1[2:0]			HPRE[3:0]				SWS[1:0]		SW[1:0]	
rw	rw	rw	rw	rw	rw	rw	rw	rw	rw	rw	rw	r	r	rw	rw

图 3-3 时钟配置寄存器(RCC_CFGR)

图中：

● 位[26:24]：MCO[2:0]，微控制器时钟输出，由软件置“1”或清“0”。取值及含义如下：0xx 表示没有时钟输出，100 表示系统时钟(SYSCLK)输出，101 表示内部 RC 振荡器时钟(HSI)输出，110 表示外部振荡器时钟(HSE)输出，111 表示 PLL 时钟 2 分频后输出。

● 位[21:18]：PLLMUL[3:0]，PLL 倍频系数，由软件设置来确定 PLL 的倍频系数。只有在 PLL 关闭的情况下才可被写入。注意：PLL 的输出频率不能超过 72 MHz。取值及含义如下：0000 表示 PLL 2 倍频输出，1000 表示 PLL 10 倍频输出，0001 表示 PLL 3 倍频输出，1001 表示 PLL 11 倍频输出，0010 表示 PLL 4 倍频输出，1010 表示 PLL 12 倍频输出，0011 表示 PLL 5 倍频输出，1011 表示 PLL 13 倍频输出，0100 表示 PLL 6 倍频输出，1100 表示 PLL 14 倍频输出，0101 表示 PLL 7 倍频输出，1101 表示 PLL 15 倍频输出，0110 表示 PLL 8 倍频输出，1110 表示 PLL 16 倍频输出，0111 表示 PLL 9 倍频输出，1111 表示 PLL 16 倍频输出。

● 位[17]：PLLXTPRE，HSE 分频器作为 PLL 输入，由软件通过置“1”或清“0”来分频 HSE 后作为 PLL 输入时钟。只能在关闭 PLL 时才能写入此位。取值及含义如下：0 表示 HSE 不分频，1 表示 HSE 2 分频。

● 位[16]：PLLSRC，PLL 输入时钟源选择控制位，由软件通过置“1”或清“0”来选择 PLL 输入时钟源。只能在关闭 PLL 时才能写入此位。取值及含义如下：0 表示 HSI 振荡器时钟经 2 分频后作为 PLL 输入时钟，1 表示 HSE 时钟作为 PLL 输入时钟。

● 位[13:11]：PPRE2[2:0]，高速 APB(APB2)预分频系数控制位，由软件通过置“1”或清“0”来控制高速 APB2 时钟(PCLK2)的预分频系数。取值及含义如下：0xx 表示 HCLK 不分频，100 表示 HCLK 2 分频，101 表示 HCLK 4 分频，110 表示 HCLK 8 分频，111 表示 HCLK 16 分频。

● 位[10:8]：PPRE1[2:0]，低速 APB(APB1)预分频系数控制位，由软件通过置“1”或清“0”来控制低速 APB1 时钟(PCLK1)的预分频系数。警告：软件必须保证 APB1 时钟频率不超过 36 MHz。取值及含义如下：0xx 表示 HCLK 不分频，100 表示 HCLK 2 分频，101 表示 HCLK 4 分频，110 表示 HCLK 8 分频，111 表示 HCLK 16 分频。

● 位[7:4]：HPRE[3:0]，AHB 预分频，由软件通过置“1”或清“0”来控制 AHB 时钟的预分频系数。取值及含义如下：0xxx 表示 SYSCLK 不分频，1000 表示 SYSCLK 2 分频，1100 表示 SYSCLK 64 分频，1001 表示 SYSCLK 4 分频，1101 表示 SYSCLK 128 分频，1010 表示 SYSCLK 8 分频，1110 表示 SYSCLK 256 分频，1011 表示 SYSCLK 16 分频，1111 表示 SYSCLK 512 分频。

● 位[3:2]：SWS[1:0]，系统时钟切换状态，由硬件通过置"1"或清"0"来指示哪一个时钟源被作为系统时钟。取值及含义如下：00 表示 HSI 作为系统时钟，01 表示 HSE 作为系统时钟，10 表示 PLL 输出作为系统时钟，11 表示不可用。

● 位[1:0]：SW[1:0]，系统时钟切换，由软件通过置"1"或清"0"来选择系统时钟源。取值及含义如下：00 表示 HSI 作为系统时钟，01 表示 HSE 作为系统时钟，10 表示 PLL 输出作为系统时钟，11 表示不可用。

第(3)行：关闭 HSE、CSS、PLL 等，在配置好与之相关的参数后，再对其开启。

第(4)行：调用 SetSysClock()函数。

2. SetSysClock()函数

SetSysClock()函数内部是根据宏定义设置系统时钟频率的，代码如下：

```
static void SetSysClock(void)
{
    #ifdef SYSCLK_FREQ_HSE
    SetSysClockToHSE();
    #elif defined SYSCLK_FREQ_24 MHz
    SetSysClockTo24();
    #elif defined SYSCLK_FREQ_36 MHz
    SetSysClockTo36();
    #elif defined SYSCLK_FREQ_48 MHz
    SetSysClockTo48();
    #elif defined SYSCLK_FREQ_56 MHz
    SetSysClockTo56();
    #elif defined SYSCLK_FREQ_72 MHz
    SetSysClockTo72();
    #endif
}
```

在 system_stm32f10x.c 文件的开头系统默认的宏定义是 72 MHz，用如下代码实现：

```
/* #define SYSCLK_FREQ_HSE      HSE_VALUE */
/* #define SYSCLK_FREQ_24 MHz   24 000 000 */
/* #define SYSCLK_FREQ_36 MHz   36 000 000 */
/* #define SYSCLK_FREQ_48 MHz   48 000 000 */
/* #define SYSCLK_FREQ_56 MHz   56 000 000 */
#define SYSCLK_FREQ_72 MHz   72 000 000
```

上述代码中只保留了 72 MHz 的语句，其他的都被注释掉了。如果要设置为 48 MHz，则只需要保留 48 MHz 的语句，注释掉其他代码即可。

3. SetSysClockTo72()函数

根据 SetSysClock()函数内部实现过程可知，直接调用 SetSysClockTo72()函数即可。SetSysClockTo72()函数相关代码如下：

```
static void SetSysClockTo72(void)
{   ……
    RCC->CR |= ((uint32_t)RCC_CR_HSEON);                    //将 HSE 作为系统时钟
    ……
    RCC->CFGR |= (uint32_t)RCC_CFGR_HPRE_DIV1;              //将 AHB 总线时钟设置为 72 MHz
    RCC->CFGR |= (uint32_t)RCC_CFGR_PPRE2_DIV1;            //APB2 总线时钟设置为 72 MHz
    RCC->CFGR |= (uint32_t)RCC_CFGR_PPRE1_DIV2;            //APB1 总线时钟设置为 36 MHz
    ……
    /*PLL 时钟设置：PLLCLK = HSE*9 = 72 MHz*/
    RCC->CFGR &= (uint32_t)((uint32_t)~(RCC_CFGR_PLLSRC | RCC_CFGR_PLLXTPRE | RCC_
CFGR_PLLMULL));
    RCC->CFGR |= (uint32_t)(RCC_CFGR_PLLSRC_HSE | RCC_CFGR_PLLMULL9);
}
```

通过以上设置，SystemInit()函数执行后时钟大小设置为：

SYSCLK(系统时钟) = 72 MHz；

AHB 总线时钟(HCLK = SYSCLK) = 72 MHz；

APB1 总线时钟(PCLK1 = SYSCLK/2) = 36 MHz；

APB2 总线时钟(PCLK2 = SYSCLK/1) = 72 MHz；

PLL 主时钟 = 72 MHz。

4. 时钟使能配置函数

固件库已经把时钟相关寄存器的使能配置放在 stm32f10x_rcc.c 和 stm32f10x_rcc.h 两个文件中，在 stm32f10x_rcc.h 文件中，有很多宏定义和时钟使能函数的声明，这些时钟函数可大致分为四类：外设时钟使能函数、时钟源使能函数、时钟源和倍频因子配置函数和外设复位函数。现分述如下。

1) 外设时钟使能函数

外设时钟使能函数有 RCC_AHBPeriphClockCmd、RCC_APB2PeriphClockCmd、RCC_APB1PeriphClockCmd。

由于 STM32 的外设都是挂接在 AHB 和 APB 总线上的，使能外设时钟，也就是使能对应外设所挂接的总线时钟(可以在固件库 stm32f10x_rcc.h 文件或在存储器映射章节中了解到哪个外设挂接在哪个总线上)。比如 GPIO 外设是挂接在 APB2 总线上的，如果使用 GPIO 外设，就需要先调用 APB2 时钟使能函数 RCC_APB2PeriphClockCmd。该函数的定义如表 3-1 所示。

表 3-1　函数 RCC_APB2PeriphClockCmd

函数名	RCC_APB2PeriphClockCmd
函数原型	void RCC_APB2PeriphClockCmd(u32 RCC_APB2Periph,FunctionalState NewState)
功能描述	使能或者失能 APB2 外设时钟
输入参数 1	RCC_APB2Periph：门控 APB2 外设时钟
输入参数 2	NewState：指定外设时钟的新状态，输入：ENABLE 或者 DISABLE

外设时钟使能函数有两个形参：第一个形参是 RCC_APB2Periph；第二个形参是

NewState，用于选择外设时钟使能还是失能。表 3-2 给出了 RCC_APB2Periph 的取值及含义。

表 3-2　RCC_APB2Periph 的取值及含义

RCC_APB2Periph 取值	含　义
RCC_APB2Periph_AFIO	功能复用 I/O 时钟
RCC_APB2Periph_GPIOA	GPIOA 时钟
RCC_APB2Periph_GPIOB	GPIOB 时钟
RCC_APB2Periph_GPIOC	GPIOC 时钟
RCC_APB2Periph_GPIOD	GPIOD 时钟
RCC_APB2Periph_GPIOE	GPIOE 时钟
RCC_APB2Periph_ADC1	ADC1 时钟
RCC_APB2Periph_ADC2	ADC2 时钟
RCC_APB2Periph_TIM1	TIM1 时钟
RCC_APB2Periph_SPI1	SPI1 时钟
RCC_APB2Periph_USART1	USART1 时钟
RCC_APB2Periph_ALL	全部 APB2 外设时钟

例如，要使能 GPIOA、GPIOB 和 SPI1 时钟，那么第一个传递的参数是 RCC_APB2Periph_GPIOA、RCC_APB2Periph_GPIOB、RCC_APB2Periph_SPI1 宏，第二个传递的参数是 ENABLE 使能。描述代码如下：

```
RCC_APB2PeriphClockCmd(RCC_APB2Periph_GPIOA | RCC_APB2Periph_GPIOB | RCC_APB2Periph_SPI1, ENABLE);
```

2) 时钟源使能函数

时钟源使能函数有 RCC_HSICmd、RCC_PLLCmd、RCC_LSICmd、RCC_RTCCLKCmd。

这几个函数用来使能相应的时钟源。例如，要使能 PLL 时钟，就调用 RCC_PLLCmd 函数。该函数只有一个形参，为 ENABLE，表示使能；为 DISABLE，表示失能。RCC_PLLCmd 函数的定义见表 3-3。

表 3-3　函数 RCC_PLLCmd

函数名	RCC_PLLCmd
函数原型	void RCC_PLLCmd(FunctionalState NewState)
功能描述	使能或者失能 PLL
输入参数	NewState：PLL 新状态，可以取 ENABLE 或者 DISABLE
先决条件	如果 PLL 被用于系统时钟，那么它不能被失能

按表 3-3 的定义，使能 PLL 时钟需调用的函数可完整地写为

```
RCC_PLLCmd(ENABLE)
```

3) 时钟源和倍频因子配置函数

时钟源和倍频因子配置函数有 RCC_HSEConfig、RCC_PLLConfig、RCC_SYSCLKConfig、RCC_HCLKConfig、RCC_PCLK1Config、RCC_PCLK2Config、RCC_LSEConfig。

这类函数主要用来选择相应的时钟源和配置时钟倍频因子。例如，系统时钟可以由

HSE、HSI 或者 PLLCLK 作为它的时钟源，具体选择哪个时钟源作为系统时钟，通过时钟源配置函数 RCC_SYSCLKConfig 确定。RCC_SYSCLKConfig 函数的定义如表 3-4 所示。

表 3-4　函数 RCC_SYSCLKConfig

函数名	RCC_SYSCLKConfig
函数原型	void RCC_SYSCLKConfig(u32 RCC_SYSCLK Source)
功能描述	设置系统时钟(SYSCLK)
输入参数	RCC_SYSCLKSource：用作系统时钟的时钟源

表 3-4 中输入参数 RCC_SYSCLKSource 的允许取值范围如表 3-5 所示。

表 3-5　参数 RCC_SYSCLKSource 的取值

RCC_SYSCLKSource 取值	含　义
RCC_SYSCLKSource_HSI	选择 HSI 作为系统时钟
RCC_SYSCLKSource_HSE	选择 HSE 作为系统时钟
RCC_SYSCLKSource_PLLCLK	选择 PLLCLK 作为系统时钟

若需设置 PLL 作为系统时钟源，那么调用的函数就是系统时钟源配置函数，可完整地写为

　　RCC_SYSCLKConfig(RCC_SYSCLKSource_PLLCLK)

设置低速 APB1 时钟(PCLK1)的倍频因子配置函数 RCC_PCLK1Config 的定义如表 3-6 所示。

表 3-6　函数　RCC_PCLK1Config

函数名	RCC_PCLK1Config
函数原型	void RCC_PCLK1Config(u32 RCC_PCLK1)
功能描述	设置低速 APB1 时钟(PCLK1)
输入参数	RCC_PCLK1：定义 PCLK1，该时钟源来自 AHB 时钟(HCLK)

表 3-6 中参数 RCC_PCLK1 允许的取值范围如表 3-7 所示。

表 3-7　RCC_PCLK1 的取值

RCC_PCLK1 取值	含　义
RCC_HCLK_Div1	APB1 时钟 = HCLK
RCC_HCLK_Div2	APB1 时钟 = HCLK/2
RCC_HCLK_Div4	APB1 时钟 = HCLK/4
RCC_HCLK_Div8	APB1 时钟 = HCLK/8
RCC_HCLK_Div16	APB1 时钟 = HCLK/16

例如，设置 APB1 的时钟频率是 HCLK 的 2 分频，那么调用的函数是

　　RCC_PCLK1Config(RCC_HCLK_Div2)

设置低速 APB1 时钟(PCLK1)的倍频因子配置函数主要用来修改系统的时钟频率。

4) 外设复位函数

外设复位函数有 RCC_APB2PeriphResetCmd 和 RCC_APB1PeriphResetCmd。

外设复位函数 RCC_APB2PeriphResetCmd 的定义如表 3-8 所示。

表 3-8　函数 RCC_APB2PeriphResetCmd

函数名	RCC_APB2PeriphResetCmd
函数原型	void RCC_APB2PeriphResetCmd(u32 RCC_APB2Periph,FunctionalState NewState)
功能描述	强制或者释放高速 APB(APB2)外设复位
输入参数 1	RCC_APB2Periph：APB2 外设复位
输入参数 2	NewState：指定 APB2 外设复位的新状态，可以取 ENABLE 或者 DISABLE

比如，强制 SPI1 外设复位，调用的函数是

RCC_APB2PeriphResetCmd(RCC_APB2Periph_SPI1, ENABLE);

释放 SPI1 外设复位，调用的函数是

RCC_APB2PeriphResetCmd(RCC_APB2Periph_SPI1, DISABLE);

其他的函数大家可以自行查找其功能和用法。

3.2　STM32 位带操作

本节将向大家介绍 STM32F1 的位带操作，其实，STM32 的位操作和 51 单片机的位操作一样简单，并通过位操作实现 LED 灯的闪烁控制。

3.2.1　位带操作介绍

STM32F1 中有两个区域支持位带操作，一个是 SRAM 区的最低 1 MB 范围，地址范围是 0x2000 0000～0x200F FFFF。在 SRAM 区中还有 32 MB 空间，其地址范围是 0x2200 0000～0x23FF FFFF，是 SRAM 的 1 MB 位带区膨胀后的位带别名区。要实现位操作，即将每一位膨胀成一个 32 位的字，因此 SRAM 的 1 MB 位带区就膨胀为 32 MB 的位带别名区，通过访问位带别名区就可以实现访问位带中每一位的目的。

另一个是片内外设区的最低 1 MB 范围，地址范围是 0x4000 0000～0x400F FFFF，在这个地址范围内包括了 APB1、APB2、AHB 总线上所有的外设寄存器。片内外设区的 32 MB 地址范围是 0x4200 0000～0x43FF FFFF，它是片内外设区的 1 MB 位带区膨胀后的位带别名区，以便于快捷地访问外设寄存器。通常使用位带操作都是在外设区，在外设区中应用比较多的是 GPIO 外设，SRAM 区内很少使用位操作。STM32F1 位带区如图 3-4 所示。

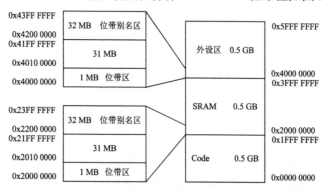

图 3-4　STM32F1 位带区

3.2.2 位带区与位带别名区地址转换

位带区与位带别名区的膨胀关系如图 3-5 和图 3-6 所示。

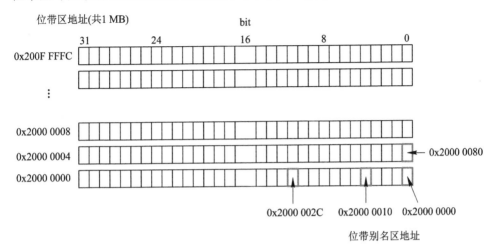

图 3-5　位带区与位带别名区的膨胀关系图 A

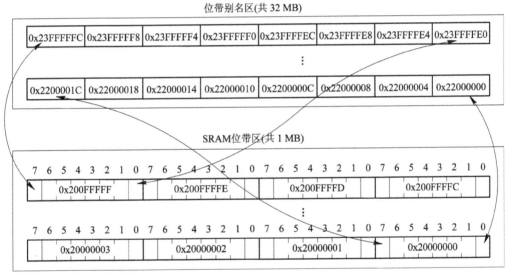

图 3-6　位带区与位带别名区的膨胀对应关系图 B

下面介绍位带别名区与位带区地址是如何转换的。

1. 外设位带别名区地址

对于片上外设位带区的某个比特，记它所在字节的地址为 A，位序号为 $n(0 \leqslant n \leqslant 7)$，则该比特在别名区的地址为

$$\text{AliasAddr} = 0x4200\ 0000 + ((A - 0x4000\ 0000) \times 8 + n) \times 4$$
$$= 0x4200\ 0000 + (A - 0x4000\ 0000) \times 32 + n \times 4 \tag{3-1}$$

0x4200 0000 是外设位带别名区的起始地址，0x4000 0000 是外设位带区的起始地址，(A-0x4000 0000)表示该比特前面有多少个字节，一个字节有 8 位，所以乘 8，一个位膨胀

后是 4 个字节，所以乘 4，n 表示该比特在 A 地址的序号，因为一个位经过膨胀后是四个字节，所以也乘 4。对于片上外设，位带地址映射关系如表 3-9 所示。

表 3-9　外设区中的位带地址映射

位 带 区	等效的别名地址
0x4000 0000.0	0x4200 0000.0
0x4000 0000.1	0x4200 0004.0
0x4000 0000.2	0x4200 0008.0
...	...
0x4000 0000.31	0x4200 007C.0
0x4000 0004.0	0x4200 0080.0
0x4000 0004.1	0x4200 0084.0
0x4000 0004.2	0x4200 0088.0
...	...
0x400FFFFC.31	0x43FFFFFC.0

2. SRAM 位带别名区地址

对 SRAM 位带区的某个比特，记它所在字节地址为 A，位序号为 $n(0 \leqslant n \leqslant 7)$，则该比特在别名区的地址为

$$\begin{aligned} \text{AliasAddr} &= 0x2200\ 0000 + ((A - 0x2000\ 0000) \times 8 + n) \times 4 \\ &= 0x2200\ 0000 + (A - 0x2000\ 0000) \times 32 + n \times 4 \end{aligned} \tag{3-2}$$

0x2200 0000 是 SRAM 位带别名区的起始地址，0x2000 0000 是 SRAM 位带区的起始地址，(A - 0x20000000)表示该比特前面有多少个字节，一个字节有 8 位，所以 × 8，一个位膨胀后是 4 个字节，所以 × 4，n 表示该比特在 A 地址的序号，因为一个位经过膨胀后是四个字节，所以也 × 4。对于 SRAM 内存区，位带地址映射如表 3-10 所示。

表 3-10　SRAM 区中的位带地址映射

位 带 区	等效的别名地址
0x2000 0000.0	0x2200 0000.0
0x2000 0000.1	0x2200 0004.0
0x2000 0000.2	0x2200 0008.0
......	......
0x2000 0000.31	0x2200 007C.0
0x2000 0004.0	0x2200 0080.0
0x2000 0004.1	0x2200 0084.0
0x2000 0004.2	0x2200 0088.0
......	......
0x200F FFFC.31	0x23FF FFFC.0

3.2.3 在 C 语言中使用位带操作

上面已经把外设位带别名区地址和 SRAM 位带别名区地址使用公式表示出来,为了操作方便,将这两个公式进行合并,通过一个宏来定义,并把位带地址和位序号作为这个宏定义的参数,再建立一个把别名地址转换成指针类型的宏,如下:

//把"位带地址 + 位序号"转换成别名地址的宏

#define BITBAND(addr, bitnum)((addr&0xF000 0000) + 0x200 0000 + ((addr&0xF FFFF)<<5) + (bitnum<<2))

//把该地址转换成一个指针

#define MEM_ADDR(addr) *((volatile unsigned long *)(adr))

addr&0xF000 0000 是为了区分操作的是 SRAM 还是外设,实际上就是获取最高位的值是 4 还是 2。如果操作的是外设,那么 addr&0xF000 0000 结果就是 0x4000 0000,后面 +0x200 0000 就等于 0x4200 0000,0x4200 0000 是外设别名区的起始地址。如果操作的是 SRAM,那么 addr&0xF000 0000 结果就是 0x2000 0000,后面 +0x200 0000 就等于 0x2200 0000,0x2200 0000 是 SRAM 别名区的起始地址。

addr&0xF FFFF 屏蔽了高三位,相当于减去 0x2000 0000 或者 0x4000 0000,屏蔽高三位是因为 SRAM 和外设的位带区最高地址是 0x200F FFFF 和 0x400F FFFF,SRAM 或者外设位带区上任意地址减去其对应的起始地址,总是低 5 位有效,所以这里屏蔽高 3 位就相当于减去了 0x2000 0000 或者 0x4000 0000。<<5 相当于乘 8 再乘 4,<<2 相当于乘 4,其作用在前面已经分析过。

最后就可以通过指针形式来操作这些位带别名区地址,实现位带区对应位的操作。

这里说明下 volatile 关键字,因为 C 编译器并不知道同一个比特可以有两个地址。volatile 提醒编译器它后面所定义的变量随时都有可能改变,因此编译后的程序每次需要存储或读取这个变量的时候,都会直接从变量地址中读取数据。如果没有 volatile 关键字,则编译器可能优化读取和存储,可能暂时使用寄存器中的值,如果这个变量由别的程序更新了的话,将出现不一致的现象。

3.3 任务 4 使用位操作点亮流水灯

▶任务目标

通过位操作实现 LED0 指示灯闪烁控制和 LED0~LED3 流水灯控制。

3.3.1 硬件设计

LED 指示灯的硬件电路前面已经介绍过,这里就不再重复。

3.3.2 软件设计

使用位操作最多的外设还属 GPIO,以 GPIOB 中 IDR 和 ODR 这两个寄存器的位操作为例，根据表 2-5 可以知道，IDR 和 ODR 寄存器相对于 GPIOB 基地址的偏移量是 8 和 12，所以可以通过宏定义实现这两个寄存器的地址映射，具体代码如下：

```
#define GPIOB_ODR_Addr        (GPIOB_BASE+12)          //0x40010C0C
#define GPIOB_IDR_Addr        (GPIOB_BASE+8)           //0x40010C08
```

从上述代码中可以看到有 GPIOx_BASE 这个宏，里面封装的是相应 GPIO 端口的基地址，在 stm32f10x.h 库函数中有定义，代码如下：

```
#define GPIOA_BASE        (APB2PERIPH_BASE + 0x0800)
#define GPIOB_BASE        (APB2PERIPH_BASE + 0x0C00)
#define GPIOC_BASE        (APB2PERIPH_BASE + 0x1000)
#define GPIOD_BASE        (APB2PERIPH_BASE + 0x1400)
#define GPIOE_BASE        (APB2PERIPH_BASE + 0x1800)
#define GPIOF_BASE        (APB2PERIPH_BASE + 0x1C00)
#define GPIOG_BASE        (APB2PERIPH_BASE + 0x2000)
```

获取寄存器的地址以后，就可以采用位操作的方法来操作 GPIO 的输入和输出，代码如下：

```
#define PBout(n)          BIT_ADDR(GPIOB_ODR_Addr, n)       //输出
#define PBin(n)           BIT_ADDR(GPIOB_IDR_Addr, n)       //输入
```

上述代码中已经将 STM32F1 芯片的所有端口都进行了位定义封装，假如要使用 PB0 管脚进行输出，就可以调用 PBout(n)宏，n 值即为 0；假如使用的是 PB1 管脚作为输入，就可以调用 PBin(n)宏，n 值即为 1。其他端口调用方法类似。

1. 使用位操作实现 1 个指示灯闪烁

复制"使用库函数点亮流水灯"这个工程文件夹，重新命名为"GPIO 位带操作"，在其目录下新建一个 Public 文件夹，用于存放 STM32F1 的公共应用程序文件，打开工程程序，新建 system.c 和 system.h 文件，将其存放在 Public 文件夹内，并在 KEIL5 内添加其头文件路径。

system.c 内未写任何代码，只是将其头文件调用进来，方便工程中其他源文件调用。system.h 内把 GPIO 的 IDR 和 ODR 寄存器位操作进行了封装，具体代码如下：

```
#ifndef_system_H
#define_system_H
#include "stm32f10x.h"
// 位带操作，实现 51 类似的 GPIO 控制功能
// I/O 口操作宏定义
#define
BITBAND(addr, bitnum)((addr&0xF0000000)+0x2000000+((addr&0xFFFFF)<<5)+(bitnum<<2))
#define MEM_ADDR(addr)*((volatileunsignedlong*)(addr))
#define BIT_ADDR(addr,bitnum)MEM_ADDR(BITBAND(addr,bitnum))
// I/O 口地址映射
#define GPIOA_ODR_Addr(GPIOA_BASE+12)                //0x4001 080C
#define GPIOB_ODR_Addr(GPIOB_BASE+12)                //0x4001 0C0C
```

#define GPIOC_ODR_Addr(GPIOC_BASE+12)	//0x4001 100C
#define GPIOD_ODR_Addr(GPIOD_BASE+12)	//0x4001 140C
#define GPIOE_ODR_Addr(GPIOE_BASE+12)	//0x4001 180C
#define GPIOF_ODR_Addr(GPIOF_BASE+12)	//0x4001 1C0C
#define GPIOG_ODR_Addr(GPIOG_BASE+12)	//0x4001 200C
#define GPIOA_IDR_Addr(GPIOA_BASE+8)	//0x4001 0808
#define GPIOB_IDR_Addr(GPIOB_BASE+8)	//0x4001 0C08
#define GPIOC_IDR_Addr(GPIOC_BASE+8)	//0x4001 1008
#define GPIOD_IDR_Addr(GPIOD_BASE+8)	//0x4001 1408
#define GPIOE_IDR_Addr(GPIOE_BASE+8)	//0x4001 1808
#define GPIOF_IDR_Addr(GPIOF_BASE+8)	//0x4001 1C08
#define GPIOG_IDR_Addr(GPIOG_BASE+8)	//0x4001 2008
// I/O 口操作，只对单一的 I/O 口，确保 n 的值小于 16!	
#define PAout(n)BIT_ADDR(GPIOA_ODR_Addr, n)	//输出
#define PAin(n)BIT_ADDR(GPIOA_IDR_Addr, n)	//输入
#define PBout(n)BIT_ADDR(GPIOB_ODR_Addr, n)	//输出
#define PBin(n)BIT_ADDR(GPIOB_IDR_Addr, n)	//输入
#define PCout(n)BIT_ADDR(GPIOC_ODR_Addr, n)	//输出
#define PCin(n)BIT_ADDR(GPIOC_IDR_Addr, n)	//输入
#define PDout(n)BIT_ADDR(GPIOD_ODR_Addr, n)	//输出
#define PDin(n)BIT_ADDR(GPIOD_IDR_Addr, n)	//输入
#define PEout(n)BIT_ADDR(GPIOE_ODR_Addr, n)	//输出
#define PEin(n)BIT_ADDR(GPIOE_IDR_Addr, n)	//输入
#define PFout(n)BIT_ADDR(GPIOF_ODR_Addr, n)	//输出
#define PFin(n)BIT_ADDR(GPIOF_IDR_Addr, n)	//输入
#define PGout(n)BIT_ADDR(GPIOG_ODR_Addr, n)	//输出
#define PGin(n)BIT_ADDR(GPIOG_IDR_Addr, n)	//输入
#endif	

从 system.h 内的代码可以看到，内部还调用了 stm32f10x.h 文件，因此在 main.c 文件中可以直接调用 system.h，既可包含 stm32f10x.h 内容也能包含位操作功能。

要使用位操作来控制 LED，需要在 led.h 文件中调用 system.h。由于开发板上有 4 个 LED，为了清楚操作的是哪个 LED，需根据其 I/O 管脚进行宏定义，代码如下：

#define led0 PBout(0)	//PB0 引脚连接 LED0
#define led1 PBout(1)	//PB1 引脚连接 LED1
#define led2 PCout(2)	//PB2 引脚连接 LED2
#define led3 PCout(3)	//PB3 引脚连接 LED3

如果要控制 PB0 管脚输出一个低电平，直接就可以使用 led0 = 0 来表示。

主函数代码如下：

```
#include "system.h"
```

```
#include "led.h"
void delay(u32 i)
{
    while(i--);
}
int main()
{
    LED_Init();
    while(1)
    {
        led0 =! led0;
        delay(600 0000);
    }
}
```

主函数首先对 LED 端口时钟及管脚模式配置进行初始化，然后通过位操作不断取反 PB0 管脚电平，实现 LED0 闪烁效果，里面还用到了一个 delay 延时，这个延时函数只是一个大约的延时，要实现精确延时，在后面章节中会讲解到。

2. 使用位操作实现 LED 流水灯效果

很简单，只需要把主函数作如下修改就可以了：

```
#include "system.h"
#include "led.h"
void delay(u32 i)
{
    while(i--);
}
int main()
{
    LED_Init();
    while(1)
    {
        led0=0;
        led1=1;
        led2=1;
        led3=1;
        delay(600 0000);
        led0=1;
        led1=0;
        led2=1;
        led3=1;
```

```
        delay(600 0000);
        led0=1;
        led1=1;
        led2=0;
        led3=1;
        delay(600 0000);
        led0=1;
        led1=1;
        led2=1;
        led3=0;
        delay(600 0000);
    }
}
```

3. 工程编译与调试

将编写好的程序编译后，如果没有报错即可将程序下载到开发板内运行，运行结果是 LED 模块上的 LED0～LED3 轮流点亮，效果如图 3-7 所示。

图 3-7 位操作点亮流水灯效果图

3.4 SysTick 定时器

在前面章节中使用到的延时是通过 CPU 循环等待产生的，这个延时是不精确的。本节就给大家介绍 STM32F1 内部 SysTick 系统定时器，通过一个简单的 LED 流水灯程序来讲述如何配置 SysTick 系统定时器以实现精确延时。学习本节可以参考库函数中的

core_cm3.h 文件。

3.4.1 SysTick 定时器介绍

SysTick 定时器也叫 SysTick 滴答定时器,是 Cortex-M3 内核的一个外设,被嵌入在 NVIC(Nested Vectored Interrupt Controller)嵌套向量中断控制器中,是 24 位向下递减的定时器,每计数一次所需时间为 1/SYSTICK,即为 1/(72/8)μs,换句话说,在 1 μs 的时间内会计数 9 次,只要知道计数的次数就可以准确得到延时时间。当定时器计数到 0 时,将从 LOAD 寄存器中自动重装定时器初值,重新向下递减计数,如此循环往复。如果开启 SysTick 中断的话,当定时器计数到 0,将产生一个中断信号。

3.4.2 SysTick 定时器操作

1. SysTick 定时器寄存器

SysTick 定时器的操作只能通过它的寄存器实现,SysTick 定时器只有 4 个寄存器,分别是 CTRL、LOAD、VAL、CALIB,这些寄存器都可以在库函数 core_cm3.h 文件中找到。

1) CTRL 寄存器

CTRL 是 SysTick 定时器的控制及状态寄存器。其相应位功能如表 3-11 所示。

表 3-11　CTRL 寄存器位功能

位段	名　称	类型	复位值	描　　述
16	COUNTFLAG	R	0	如果在上次读取本寄存器后,SysTick 已经计数到了 0,则该位为 1。如果读取该位,该位将自动清零
2	CLKSOURCE	R/W	0	0:外部时钟源(STCLK) 1:内核时钟(FCLK)
1	TICKINT	R/W	0	1:SysTick 倒数到 0 时产生 SysTick 中断请求 0:数到 0 时无动作
0	ENABLE	R/W	0	SysTick 定时器的使能位

注:CLKSOURCE 位用于选择 SysTick 定时器时钟来源,该位为 1,表示其时钟由系统时钟直接提供,即 72 MHz;该位为 0,表示其时钟由系统时钟 8 分频后提供,即 72/8 = 9 MHz。

2) LOAD 寄存器

LOAD 是 SysTick 定时器的重装载数值寄存器,其相应位功能如表 3-12 所示。

表 3-12　LOAD 寄存器位功能

位段	名称	类型	复位值	描　　述
23:0	RELOAD	R/W	0	当倒数至 0 时,将被重装载的值

因为 STM32F1 的 SysTick 定时器是一个 24 位递减计数器,因此重装载寄存器中只使用到了低 24 位,当系统复位时,其值为 0。

3) VAL 寄存器

VAL 是 SysTick 定时器的当前数值寄存器,其相应位功能如表 3-13 所示。

表 3-13　VAL 寄存器位功能

位段	名称	类型	复位值	描　述
23：0	CURRENT	R/W	0	读取时返回当前倒计数的值，写它则使之清零，同时还会清除在 SysTick 控制及状态寄存器中的 COUNTFLAG 标志

同样只有低 24 位有效，复位时值为 0。

4) CALIB 寄存器

CALIB 是 SysTick 定时器的校准数值寄存器，其相应位功能如表 3-14 所示。

表 3-14　CALIB 寄存器位功能

位段	名称	类型	复位值	描　述
31	NOREF	R	—	1：没有外部参考时钟(STCLK 不可用) 0：外部参考时钟可用
30	SKEW	R	—	1：校准值不是准确的 10 ms 0：校准值是准确的 10 ms
23:0	TENMS	R/W	0	10 ms 的时间内倒计数的个数。芯片设计者应该通过 Cortex-M3 的输入信号提供该数值。若该值读回零，则表示无法使用校准功能

2. SysTick 定时器操作步骤

SysTick 定时器的操作可以分为 4 步：

(1) 设置 SysTick 定时器的时钟源。

(2) 设置 SysTick 定时器的重装初始值(如果要使用中断的话，就将中断使能打开)。

(3) 清零 SysTick 定时器当前计数器的值。

(4) 打开 SysTick 定时器。

3.4.3　软件设计

SysTick 定时器延时函数在任何一个 STM32F1 应用程序中都用得上，因此将其驱动文件放在 Public 文件夹内。从工程 Public 组中可以看到，引进了一个新的 SysTick.c 源文件，此文件内的函数就是按照操作步骤完成的，有对 μs 的延时和对 ms 的延时。这里主要介绍关键代码。

1. SysTick_Init()函数

```
#include "SysTick.h"
static u8   fac_us=0;                        //μs 延时倍乘数
static u16 fac_ms=0;                         //ms 延时倍乘数
//初始化延时函数
//SysTick 的时钟固定为 AHB 时钟的 1/8
//SYSCLK：系统时钟频率
void SysTick_Init(u8 SYSCLK)
{
    SysTick_CLKSourceConfig(SysTick_CLKSource_HCLK_Div8);
```

```
fac_us = SYSCLK/8;                    //SYSCLK 的 8 分频保存 1 μs 所需的计数次数
fac_ms = (u16)fac_us*1000;            //每个 ms 需要的 SysTick 时钟数
}
```

SysTick_Init 函数形参 SYSCLK 表示系统时钟大小,默认配置使用的系统时钟是 72 MHz,所以调用这个函数时,形参值即为 72。

函数内部调用了一个库函数 SysTick_CLKSourceConfig,此函数用来对 SysTick 定时器的时钟进行选择,使用的 SysTick 定时器时钟是系统时钟的 8 分频,所以参数是 SysTick_CLKSource_HCLK_Div8。如果使用系统时钟作为 SysTick 定时器时钟,那么参数即为 SysTick_CLKSource_HCLK。这个函数在 misc.c 库文件内,代码如下:

```
void SysTick_CLKSourceConfig(uint32_t SysTick_CLKSource)
{
    /* Check the parameters */
    assert_param(IS_SYSTICK_CLK_SOURCE(SysTick_CLKSource));
    if(SysTick_CLKSource == SysTick_CLKSource_HCLK)
    {
        SysTick->CTRL |= SysTick_CLKSource_HCLK;
    }
    else
    {
        SysTick->CTRL &= SysTick_CLKSource_HCLK_Div8;
    }
}
```

2. delay_us()函数

```
void delay_us(u32 nus)
{
    u32 temp;
    SysTick->LOAD = nus*fac_us;                      (1)
    SysTick->VAL = 0x00;                             (2)
    SysTick->CTRL |= SysTick_CTRL_ENABLE_Msk ;       (3)
    do
    {
        temp = SysTick->CTRL;
    }while((temp&0x01)&&!(temp&(1<<16)));            (4)
    SysTick->CTRL &= ~SysTick_CTRL_ENABLE_Msk;       (5)
    SysTick->VAL = 0x00;                             (6)
}
```

在上述代码后面标注了序号,按照序号顺序介绍如下:

第(1)行:将需要延时多少微秒的计数值加载到 SysTick 的 LOAD 寄存器中,fac_us 值是延时 1 μs 所需的计数值。

第(2)行：清空当前计数值寄存器 VAL。

第(3)行：打开 SysTick 定时器，定时器开始向下递减计数。

第(4)行：CTRL 寄存器的第 16 位是 SysTick 递减到 0 的标志位，如果递减到 0，此为置 1，通过读取该位来判断延时是否完成，从而退出 while 循环。

第(5)行：关闭 SysTick 定时器。

第(6)行：清空当前计数值寄存器 VAL。

3. delay_ms()函数

```
void delay_ms(u16 nms)
{
    u32 temp;
    SysTick->LOAD = (u32)nms*fac_ms;              //时间加载(SysTick->LOAD 为 24bit)
    SysTick->VAL = 0x00;                          //清空计数器
    SysTick->CTRL |= SysTick_CTRL_ENABLE_Msk ;    //开始倒数
    do
    {
        temp=SysTick->CTRL;
    }while((temp&0x01)&&!(temp&(1<<16)));          //等待时间到达
    SysTick->CTRL &= ~SysTick_CTRL_ENABLE_Msk;     //关闭计数器
    SysTick->VAL = 0X00;                           //清空计数器
}
```

此函数功能与 delay_us 基本一样，只不过这里是延时 ms。要注意的是，SysTick 定时器是 24 位的，其计数最大值为 0xffffff，时间为 nms≤0xffffff × 8 × 1000/SYSCLK，SYSCLK 是系统时钟，为 72 MHz，所以最大延时为 1864 ms。如果需要延时大于 1.864 s，调用多个 delay_ms 函数即可。

4. 主函数

在 main.c 文件前面引入了工程中所需的头文件，代码如下：

```
#include "system.h"
#include "SysTick.h"
#include "led.h"
int main()
{
    SysTick_Init(72);
    LED_Init();
    while(1)
    {
        led1 = 0;
        led2 = 1;
        delay_ms(500);   //精确延时 500 ms
```

```
            led1 = 1;
            led2 = 0;
            delay_ms(500);
        }
    }
```

主函数首先对 SysTick 定时器进行初始化配置，选择系统时钟 8 分频作为 SysTick 的时钟，然后初始化 LED，最后进入 while 循环语句：对 PB1 和 PB2 管脚进行位操作，里面调用了 delay_ms 延时函数，这时候的延时是非常精确的。

5. 工程编译与调试

将工程程序编译下载到开发板内，可以看到 LED 模块的 LED1、LED2 指示灯交替闪烁。

3.5　任务5　数码管显示控制

▶任务目标

通过位带操作，控制板载的共阳数码管，实现静态和动态显示。

3.5.1　LED 数码管介绍

数码管是一种半导体发光器件，其基本单元是发光二极管。数码管也称 LED 数码管，常用的 LED 数码管为 8 段或 7 段，8 段比 7 段多了一个小数点"dp"段。每一个段对应一个发光二极管，因此，LED 数码管实际上是由七个发光二极管组成"8"字形构成的，加上小数点就是八个发光二极管，这些段分别由字母 a、b、c、d、e、f、g、dp 来表示。显示一个完整的字形"8"称作一位数码管，显示多少个字形"8"即称为多少位数码管。按发光二极管单元连接方式，数码管可分为共阳数码管和共阴数码管。共阳数码管是指将所有发光二极管的阳极接到一起，形成公共阳极(COM)的数码管。通常公共阳极接正电压，当某个发光二极管的阴极接低电平时，发光二极管被点亮，相应的段被显示。同样，共阴数码管是指将所有发光二极管的阴极接到一起，形成公共阴极(COM)的数码管。共阴数码管在应用时应将公共极 COM 接到地线 GND 上，当某个发光二极管的阳极接高电平时，发光二极管被点亮，相应的段被显示。了解 LED 数码管的这些特性，对编程是很重要的，因为不同类型的数码管，除它们的硬件电路有差异外，编程方法也是不同的。LED 数码管广泛用于仪表、时钟、车站、家电等场合，选用时要注意产品尺寸、颜色、功耗、亮度、波长等。常用 LED 数码管的内部引脚图如图 3-8 所示。

为使 LED 数码管显示不同的字型，就需要把相应段的发光二极管点亮。比如，要在图 3-8 所示的 LED 数码管显示器上显示一个数字"2"，那么应当点亮 a、b、g、e、d 段，而 c、f、dp 段不亮。为此，就要为 LED 数码管显示器提供字型码，因为字型码可使 LED 相应的段发光，从而显示不同的字型，因此，这种字型码也称为段码。7 段发光二极管，再加上一个小数点位，共计 8 段。因此提供给 LED 数码管的段码正好是一个字节。各段与字节中各位对应关系如表 3-15 所示。

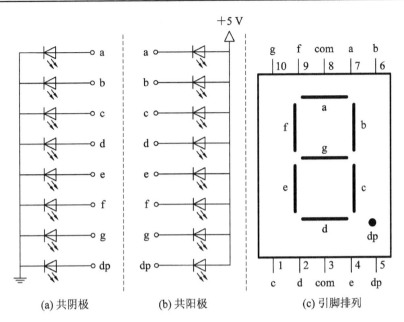

(a) 共阴极   (b) 共阳极   (c) 引脚排列

图 3-8 LED 数码管内部引脚图

表 3-15 段码与字节中各位对应关系

位	D7	D6	D5	D4	D3	D2	D1	D0
显示段	dp	g	f	e	d	c	b	a
	dp	a	b	c	d	e	f	g

段码是相对的，它由各字段在字节中所处的位决定。字型及段码可以自行设定，在使用中，一般习惯上还是以 "a" 段对应段码字节的最低位，按照这种格式，8 段 LED 的部分段码如表 3-16 所示。

表 3-16 8 段 LED 段码

显示字符	共阴极段码	共阳极段码	显示字符	共阴极段码	共阳极段码
0	3FH	C0H	C	39H	C6H
1	06H	F9H	d	5EH	A1H
2	5BH	A4H	E	79H	86H
3	4FH	B0H	F	71H	8EH
4	66H	99H	H	76H	89H
5	6DH	92H	L	38H	C7H
6	7DH	82H	n	37H	C8H
7	07H	F8H	o	5CH	A3H
8	7FH	80H	P	73H	8CH
9	6FH	90H	U	3EH	C1H
A	77H	88H	灭	00H	FFH
b	7CH	83H			

例如，表 3-15 中 8 段 LED 段码是按以"a"段对应段码字节的最低位而形成的，"0"的段码为 3FH(共阴极)。反之，如将格式改为以"g"段对应段码字节的最低位，则"0"的段码为 7EH(共阴极)。

3.5.2 LED 数码管的工作原理

图 3-9 所示为由 N 个 LED 显示块构成的显示 N 位字符的 LED 显示器的结构原理图。N 个 LED 显示块有 N 位位选线和 $8 \times N$ 位段选线。段选线控制显示字符的字型，而位选线为各个 LED 显示块的公共端，用来选择所需的 LED 显示块，控制该 LED 显示位的亮或灭。

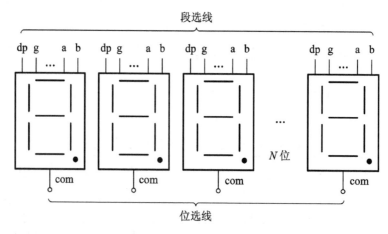

图 3-9 N 位 LED 数码管显示器的结构原理图

LED 数码管显示器有静态显示和动态显示两种显示方式。

1. LED 静态显示方式

LED 数码管工作于静态显示方式时，各位 LED 的共阴极(或共阳极)连接在一起并接地(或接 +5 V)；每位的段选线(a~dp)分别与一个 8 位的并行输出口相连。之所以称为静态显示，是因为各个 LED 的显示字符一经确定，相应并行输出口的段码输出将维持不变，直到送入另一个段码为止，所以显示的亮度高。

图 3-10 所示为一个 4 位 LED 静态显示器电路，各位可独立显示，只要在某位的段选线上保持段码电平，该位就能保持相应的显示字符。由于各位 LED 的段选线分别由一个 8 位的并行输出口控制，故在同一时刻，每一位 LED 显示的字符可以各不相同。静态显示方式软件编程简单，但硬件开销大，接口电路复杂，4 个 LED 块构成的 4 位静态显示器电路要占用 4 个 8 位 I/O 口，如果显示器的位数增多，则需要增加 I/O 口的数目。因此，在显示位数较多的情况下，一般不建议采用静态显示方式。

2. LED 动态显示方式

LED 数码管工作于动态显示方式时，所有显示位的段选线的相应段并接在一起，由一个 8 位 I/O 口控制，形成段选线的多路复用，而各位的公共端分别由相应的 I/O 线控制，形成各位的分时选通。

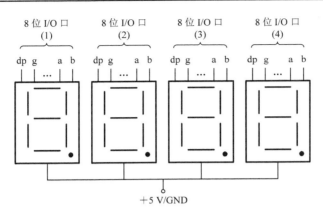

图 3-10 4 位 LED 静态显示电路

LED 不同位显示的时间间隔应根据实际情况而定。发光二极管从导通到发光有一定的延时，导通时间太短，则发光太弱，人眼无法看清；但也不能太长，否则，就达不到"多位同时显示"的效果，而且此时间越长，占用 CPU 的时间就越多。另外，当显示位数增多时，将占用大量的 CPU 时间，因此动态显示实质上是以牺牲 CPU 的时间来换取 I/O 端口数量的减少的。

图 3-11 所示为一个 4 位 8 段 LED 动态显示电路，其中段选线占用一个 8 位 I/O 口，而位选线占用一个 4 位 I/O 口。由于各位的段选线并联，8 位 I/O 口输出的段码对各位 LED 来说都是相同的。因此，在同一时刻，如果各位的位选线都处于选通状态，4 位 LED 将显示相同的字符。若要各位 LED 能够同时显示出不同的字符，就必须采用动态显示方式，即在某一时刻，只让某一位的位选线处于选通状态，而其他各位的位选线处于关闭状态，同时，段选线上输出相应位要显示的字符的段码。这样，在同一时刻，4 位 LED 中只有选通的那一位显示出字符，而其他三位则是熄灭的。同样，在下一时刻，只让下一位的位选线处于选通状态，而其他各位的位选线处于关闭状态，在段选线上输出将要显示字符的段码，此时，只有选通位显示出相应的字符，而其他各位则是熄灭的。如此循环下去，就可以使各位显示出将要显示的字符。由此可见，在同一时刻，只有一位显示，其他各位熄灭，即各位的显示字符是在不同时刻出现的，但由于 LED 显示器的余晖和人眼的"视觉暂留"效应，只要每位显示时间足够短，就可以造成"多位同时亮"的假象，达到同时显示的效果。

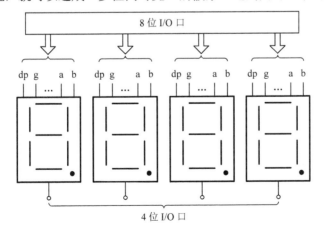

图 3-11 4 位 LED 动态显示电路

3.5.3　硬件设计

开发板上使用的是 4 位共阳数码管，采用动态连接方式。开发板上的数码管模块电路如图 3-12 所示。

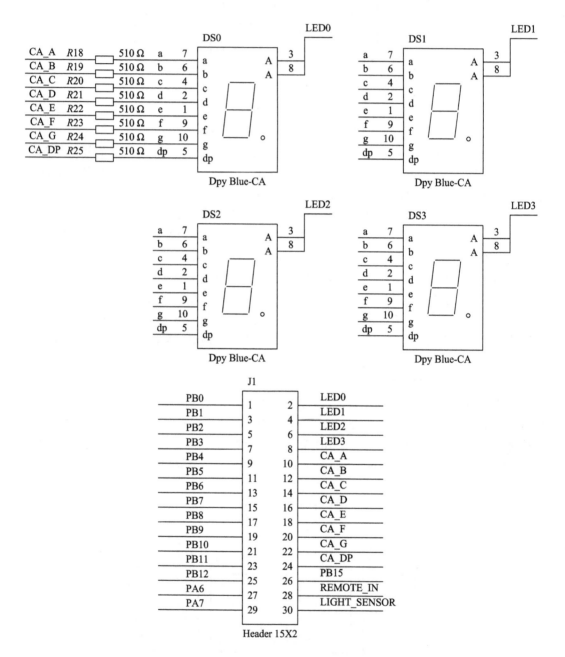

图 3-12　数码管模块电路图

相同网络标号表示它们是连接在一起的，因此 4 位数码管的 8 个段选口(A…DP)是连接在开发板的 PB4～PB11 管脚上，4 个位选口(LED0～LED3)是连接在开发板的 PB0～PB3

管脚上。由于开发板上使用的数码管是共阳，所以要点亮对应的数码管段，需要让相应引脚输出一个低电平。

3.5.4　软件设计

本节通过两个例子来让大家掌握数码管的静态显示和动态显示应用设计。

1. 数码管静态显示

所要实现的功能是让 PB0 连接的数码管间隔 1 s 显示 0～F。

在 APP 文件夹内新建一个 SMG 文件夹，打开工程程序，新建 smg.c 和 smg.h 文件，将其存放在 SMG 文件夹内，并在 KEIL5 内添加其头文件路径。

1) 数码管初始化函数

打开工程中 smg.c 文件，在里面编写数码管初始化函数如下：

```
#include "smg.h"
void SMG_Init()
{
    GPIO_InitTypeDef GPIO_InitStructure;    //声明一个结构体变量，用来初始化 GPIO
    RCC_APB2PeriphClockCmd(RCC_APB2Periph_GPIOB,ENABLE);   //开启 GPIO 时钟
    /* 配置 GPIO 的模式和 I/O 口 */
    GPIO_InitStructure.GPIO_Pin = GPIO_Pin_4 | GPIO_Pin_5 | GPIO_Pin_6 | GPIO_Pin_7 | GPIO_Pin_8 | GPIO_Pin_9 | GPIO_Pin_10 | GPIO_Pin_11;       //选择要设置的 I/O 口
    GPIO_InitStructure.GPIO_Mode = GPIO_Mode_Out_PP;
    GPIO_InitStructure.GPIO_Speed = GPIO_Speed_50 MHz;
    GPIO_Init(GPIOB,&GPIO_InitStructure);        /*初始化 GPIO */
}
```

SMG_Init()函数用来初始化数码管的端口及时钟。

2) smg.h 头文件

打开 smg.h，在里面编写如下代码：

```
#ifndef _smg_H
#define _smg_H
#include "system.h"
/*数码管时钟端口、引脚定义*/
void SMG_Init(void);          //数码管初始化
#endif
```

3) GPIO_Write 库函数

GPIO_Write 库函数的功能是向指定 GPIO 数据端口写入数据，该函数定义如表 3-17 所示。

表 3-17　函数 GPIO_Write

函数名	GPIO_Write
函数原型	void GPIO_Write(GPIO_TypeDef* GPIOx, u16 PortVal)
功能描述	向指定 GPIO 数据端口写入数据
输入参数 1	GPIOx：x 可以是 A，B，C，D 或者 E，用以选择 GPIO 外设
输入参数 2	PortVal：待写入端口数据寄存器的值

4) 主函数

打开工程中 main.c 文件，在里面添加代码如下：

```
#include "system.h"
#include "SysTick.h"
#include "led.h"
#include "smg.h"
u8 smgduan[16] = {0x3F, 0x06, 0x5B, 0x4F, 0x66, 0x6D, 0x7D, 0x07, 0x7F, 0x6F, 0x77, 0x7C, 0x39,
                0x5E, 0x79, 0x71};                                    //0~F 数码管段选数据

int main()
{
    u8 i=0;
    SysTick_Init(72);
    LED_Init();
    SMG_Init();
    while(1)
    {
        led0=1;
        for(i=0; i<16; i++)
        {
            GPIO_Write(GPIOB, (u16)(~smgduan[i]));
            delay_ms(1000);
        }
    }
}
```

主函数实现的功能比较简单，首先将使用到的外设硬件进行初始化，然后进入 while 循环，选中 PB0 连接的数码管，通过 GPIO_Write 库函数将数码管段码数据发送到数码管段选口，将 0~F 的段码数据存储在 smgduan 数组内，这是共阴数码管的段码数据，而使用的数码管是共阳，只需要将此数据取反即可。

5) 工程编译与调试

将工程程序编译下载到开发板内，可以看到数码管间隔 1 s 循环显示 0~F，效果如图 3-13 所示。

图 3-13   数码管静态显示效果图

2. 数码管动态显示

所要实现的功能是控制 4 位数码管，分别滚动显示数字 0～3。程序运行后，左边第一个数码管显示"0"，其他不显示；延时之后，控制左边第二个数码管显示"1"，其他不显示；直至第四个数码管显示"3"，其他不显示。反复循环上述过程。

smg.c 和 smg.h 这两个文件不用修改，只需要修改主函数即可。

1) 主函数

打开工程中 main.c 文件，在里面添加代码如下：

```
#include "system.h"
#include "SysTick.h"
#include "led.h"
#include "smg.h"
u8 smgduan[16] = {0x3F, 0x06, 0x5B, 0x4F, 0x66, 0x6D, 0x7D, 0x07, 0x7F, 0x6F, 0x77, 0x7C, 0x39,
                  0x5E, 0x79, 0x71};                  //0～F 数码管段选数据

int main( )
{
    u8 i = 0;
    SysTick_Init(72);
    LED_Init( );
    SMG_Init( );
```

```
while(1)
{
    led0 = 1;
    led1 = 0;
    led2 = 0;
    led3 = 0;
    GPIO_Write(GPIOB, (u16)(~0x3F));
    delay_ms(1000);
    led0 = 0;
    led1 = 1;
    led2 = 0;
    led3 = 0;
    GPIO_Write(GPIOB, (u16)(~0x06));
    delay_ms(1000);
    led0 = 0;
    led1 = 0;
    led2 = 1;
    led3 = 0;
    GPIO_Write(GPIOB, (u16)(~0x5B));
    delay_ms(1000);
    led0 = 0;
    led1 = 0;
    led2 = 0;
    led3 = 1;
    GPIO_Write(GPIOB, (u16)(~0x4F));
    delay_ms(1000);
}
}
```

主函数首先将使用到的外设硬件进行初始化，然后进入 while 循环，分别选中 LED0～LED3 连接的数码管，通过 GPIO_Write 库函数将数码管段码数据发送到数码管段选口，将 0～3 的共阴数码管的段码数据取反即可。

2) 工程编译与调试

将工程程序编译下载到开发板内，可以看到数码管间隔 1 s 分别在 4 只数码管上循环显示 0～3。

如果把时间修改为 10 ms，只要控制好每位数码管显示的时间和间隔，数码管的余晖和人眼的"视觉暂留"作用则可造成"多位同时亮"的假象，达到同时显示的效果。实验现象：将工程程序编译下载到开发板内，可以看到 4 只数码管同时显示 0123，效果如图 3-14 所示。

图 3-14　数码管动态显示效果图

举 一 反 三

1. 通过修改 delay_ms 函数内的延时时间,观察 LED 流水灯效果(注意延时函数内的参数最大范围,不能超过最大值,否则延时不准确)。

2. 通过修改系统时钟调节 LED 闪烁速度。

3. 使用位操作实现 D2 指示灯闪烁。

4. 使用位操作实现 LED 流水灯效果。

5. 设计一个 9 s 倒计时定时器。

6. 实现一位静态数码管计数,从 0 计数到 F 再重新循环。

7. 实现四位动态数码管,从左往右依次显示 1,2,3,4 数值。

项目4　蜂鸣器控制设计与实现

▶ 学习目标

1. 掌握 STM32 中断系统及其软件配置的相关知识。
2. 掌握按键控制程序的设计方法。
3. 掌握蜂鸣器控制程序的设计方法。
4. 利用外中断实现用按键控制蜂鸣器发声的功能。

4.1　中　断　介　绍

4.1.1　中断概念

STM32 的中断功能非常强大，几乎每个外设都可以产生中断，本节介绍 STM32 中断系统的结构、工作原理和应用设计。

在嵌入式系统应用中，当内部、外部随机事件发生时，及时响应并实时处理都是利用中断技术实现的。中断是由内部或外部的随机事件引发的，程序中无法事先安排调用指令，所以响应中断服务程序的过程是由硬件自动完成的。中断系统的应用大大提高了 CPU 的工作效率。程序在执行过程中由于内部或外界的随机事件而被中途打断的情况称为"中断"。引发中断的事件称为中断源。中断示意图如图 4-1 所示。

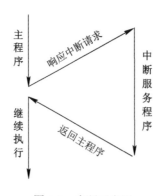

图 4-1　中断示意图

有些中断还能够被其他高优先级的中断所中断，这种情况叫作中断的嵌套。当 CPU

正在执行中断服务程序时，又有其他中断源发出中断申请，CPU 要分析判断，决定是否响应该中断。判决规则如下：

(1) 若是同级中断源申请中断，CPU 将不予理睬；

(2) 若是高级中断源申请中断，CPU 将转去响应高级中断请求，待高级中断服务程序执行完毕，CPU 再转回低级中断服务程序断点处接着执行。

这就是中断的嵌套，二级中断嵌套示意图如图 4-2 所示。

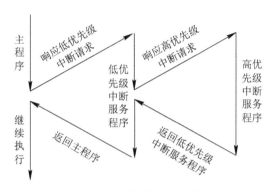

图 4-2　中断嵌套示意图

Crotex-M3 内核支持 256 个中断，其中包含了 16 个内核中断和 240 个外部中断。虽然 CM3 是支持 240 个外部中断的，但具体使用了多少个由芯片生产商决定。STM32F10x 芯片有 84 个中断通道，包括 16 个内核中断和 68 个可屏蔽中断，不过 STM32F103 系列芯片只有 60 个可屏蔽中断。除个别中断的优先级被固定外，其他中断的优先级都是可编程的。这些中断通道已按照不同优先级顺序固定分配给相应的外部设备，数值越小，优先级越高，从 STM32F10x 中断向量表可以知道具体分配到哪些外设。中断向量表如表 4-1 所示。

表 4-1　中断向量表

位置	优先级	优先级类型	名　称	说　明	地　址
—	—	—	—	保留	0x0000 0000
	-3	固定	Reset	复位	0x0000 0004
	-2	固定	NMI	不可屏蔽中断 RCC 时钟安全系统(CSS)连接到 NMI 向量	0x0000 0008
	-1	固定	硬件失效(HardFault)	所有类型的失效	0x0000 000C
	0	可设置	存储管理(MemManage)	存储器管理	0x0000 0010
	1	可设置	总线错误(BusFault)	预取指失败，存储器访问失败	0x0000 0014
	2	可设置	错误应用(UsageFault)	未定义的指令或非法状态	0x0000 0018
	—	—	—	保留	0x0000 001C ～0x0000 002B

位置	优先级	优先级类型	名称	说明	地址
	3	可设置	SVCall	通过 SWI 指令的系统服务调用	0x0000 002C
	4	可设置	调试监控(Debug Monitor)	调试监控器	0x0000 0030
—	—	—	—	保留	0x0000 0034
	5	可设置	PendSV	可挂起的系统服务	0x0000 0038
	6	可设置	SysTick	系统嘀嗒定时器	0x0000 003C
0	7	可设置	WWDG	窗口定时器中断	0x0000 0040
1	8	可设置	PVD	连到 EXTI 的电源电压检测(PVD)中断	0x0000 0044
2	9	可设置	TAMPER	侵入检测中断	0x0000 0048
3	10	可设置	RTC	实时时钟(RTC)全局中断	0x0000 004C
4	11	可设置	Flash	闪存全局中断	0x0000 0050
5	12	可设置	RCC	复位和时钟控制(RCC)中断	0x0000 0054
6	13	可设置	EXTI0	EXTI 线 0 中断	0x0000 0058
7	14	可设置	EXTI1	EXTI 线 1 中断	0x0000 005C
8	15	可设置	EXTI2	EXTI 线 2 中断	0x0000 0060
9	16	可设置	EXTI3	EXTI 线 3 中断	0x0000 0064
10	17	可设置	EXTI4	EXTI 线 4 中断	0x0000 0068
11	18	可设置	DMA1 通道 1	DMA1 通道 1 全局中断	0x0000 006C
12	19	可设置	DMA1 通道 2	DMA1 通道 2 全局中断	0x0000 0070
13	20	可设置	DMA1 通道 3	DMA1 通道 3 全局中断	0x0000 0074
14	21	可设置	DMA1 通道 4	DMA1 通道 4 全局中断	0x0000 0078
15	22	可设置	DMA1 通道 5	DMA1 通道 5 全局中断	0x0000 007C
16	23	可设置	DMA1 通道 6	DMA1 通道 6 全局中断	0x0000 0080
17	24	可设置	DMA1 通道 7	DMA1 通道 7 全局中断	0x0000 0084
18	25	可设置	ADC1_2	ADC1 和 ADC2 的全局中断	0x0000 0088
19	26	可设置	USB_HP_CAN_TX	USB 高优先级或 CAN 发送中断	0x0000 008C
20	27	可设置	USB_LP_CAN_RX0	USB 低优先级或 CAN 接收 0 中断	0x0000 0090
21	28	可设置	CAN_RX1	CAN 接收 1 中断	0x0000 0094
22	29	可设置	CAN_SCE	CAN SCE 中断	0x0000 0098
23	30	可设置	EXTI9_5	EXTI 线[9:5]中断	0x0000 009C
24	31	可设置	TIM1_BRK	TIM1 刹车中断	0x0000 00A0
25	32	可设置	TIM1_UP	TIM1 更新中断	0x0000 00A4
26	33	可设置	TIM1_TRG_COM	TIM1 触发和通信中断	0x0000 00A8

位置	优先级	优先级类型	名　称	说　明	地　址
27	34	可设置	TIM1_CC	TIM1 捕获比较中断	0x0000_00AC
28	35	可设置	TIM2	TIM2 全局中断	0x0000_00B0
29	36	可设置	TIM3	TIM3 全局中断	0x0000_00B4
30	37	可设置	TIM4	TIM4 全局中断	0x0000_00B8
31	38	可设置	I^2C1_EV	I^2C1 事件中断	0x0000_00BC
32	39	可设置	I^2C1_ER	I^2C1 错误中断	0x0000_00C0
33	40	可设置	I^2C2_EV	I^2C2 事件中断	0x0000_00C4
34	41	可设置	I^2C2_ER	I^2C2 错误中断	0x0000_00C8
35	42	可设置	SPI1	SPI1 全局中断	0x0000_00CC
36	43	可设置	SPI2	SPI2 全局中断	0x0000_00D0
37	44	可设置	USART1	USART1 全局中断	0x0000_00D4
38	45	可设置	USART2	USART2 全局中断	0x0000_00D8
39	46	可设置	USART3	USART3 全局中断	0x0000_00DC
40	47	可设置	EXTI15_10	EXTI 线[15:10]中断	0x0000_00E0
41	48	可设置	RTCAlarm	连到 EXTI 的 RTC 闹钟中断	0x0000_00E4
42	49	可设置	USB 唤醒	连到 EXTI 的 USB 待机唤醒中断	0x0000_00E8
43	50	可设置	TIM8_BRK	TIM8 刹车中断	0x0000_00EC
44	51	可设置	TIM8_UP	TIM8 更新中断	0x0000_00F0
45	52	可设置	TIM8_TRG_COM	TIM8 触发和通信中断	0x0000_00F4
46	53	可设置	TIM8_CC	TIM8 捕获比较中断	0x0000_00F8
47	54	可设置	ADC3	ADC3 全局中断	0x0000_00FC
48	55	可设置	FSMC	FSMC 全局中断	0x0000_0100
49	56	可设置	SDIO	SDIO 全局中断	0x0000_0104
50	57	可设置	TIM5	TIM5 全局中断	0x0000_0108
51	58	可设置	SPI3	SPI3 全局中断	0x0000_010C
52	59	可设置	UART4	UART4 全局中断	0x0000_0110
53	60	可设置	UART5	UART5 全局中断	0x0000_0114
54	61	可设置	TIM6	TIM6 全局中断	0x0000_0118
55	62	可设置	TIM7	TIM7 全局中断	0x0000_011C
56	63	可设置	DMA2 通道 1	DMA2 通道 1 全局中断	0x0000_0120
57	64	可设置	DMA2 通道 2	DMA2 通道 2 全局中断	0x0000_0124
58	65	可设置	DMA2 通道 3	DMA2 通道 3 全局中断	0x0000_0128
59	66	可设置	DMA2 通道 4_5	DMA2 通道 4 和 DMA2 通道 5 全局中断	0x0000_012C

4.1.2　NVIC 介绍

NVIC 英文全称是 Nested Vectored Interrupt Controller，意思是嵌套向量中断控制器，它属于 CM3 内核的一个外设，控制着芯片的相关中断功能。在固件库 core_cm3.h 文件内定义了一个 NVIC 结构体，里面定义了相关寄存器，如下：

```
typedef struct
{
    -IOuint32_tISER[8];
    uint32_tRESERVED0[24];
    -IOuint32_tICER[8];
    uint32_tRSERVED1[24];
    -IOuint32_tISPR[8];
    uint32_tRESERVED2[24];
    -IOuint32_tICPR[8];
    uint32_tRESERVED3[24];
    -IOuint32_tIABR[8];
    uint32_tRESERVED4[56];
    -IOuint8_tIP[240];
    uint32_tRESERVED5[644];
    -Ouint32_tSTIR;
}NVIC_Type;
```

在配置中断时，通常使用的只有中断使能寄存器 ISER、中断清除寄存器 ICER 和中断优先级寄存器 IP。

● ISER[8]：ISER 的全称是 Interrupt Set-Enable Registers，意为中断使能寄存器组。上面说了 CM3 内核支持 256 个中断，这里用 8 个 32 位寄存器来控制，每个位控制一个中断。但是，STM32F103 的可屏蔽中断只有 60 个，只使用了其中两个(ISER[0]和 ISER[1])的前 60 位。ISER[0]的 bit0～bit31 分别对应中断 0～31，ISER[1]的 bit0～bit27 分别对应中断 32～59，这样总共 60 个中断就分别对应上了。要使能某个中断，必须设置相应的 ISER 位为 "1"，才能使该中断被使能。

● ICER[8]：ICER 的全称是 Interrupt Clear-Enable Registers，意为中断清除使能寄存器组。该寄存器组与 ISER 的作用恰好相反，是用来清除某个中断的使能的，其对应位的功能和 ISER 一样。这里要专门设置一个 ICER 来清除中断位，而不是向 ISER 写 0 来清除，是因为 NVIC 的这些寄存器都是写 1 有效、写 0 无效的。

● IP[240]：IP 的全称是 Interrupt Priority Registers，意为中断优先级控制寄存器组。这个寄存器组相当重要！STM32 的中断优先级分组与这个寄存器组密切相关。IP 寄存器组由 240 个 8 bit 的寄存器组成，每个可屏蔽中断占用 8 bit，这样总共可以表示 240 个可屏蔽中断。STM32F103 只用到了其中的前 60 个，IP[59]～IP[0]分别对应中断 59～0，而且每个可屏蔽中断占用的 8 bit 并没有全部使用，只用了高 4 位，这 4 位又分为抢占优先级和响应优先级。每个中断源都需要被指定这两种优先级，抢占优先级在前，响应优先级在后。

4.1.3　中断优先级

高抢占优先级的中断事件可以打断当前的主程序或者中断程序的运行；相同抢占优先级的中断源之间没有嵌套关系。当一个中断到来时，如果正在处理另一个相同抢占优先级的中断，则这个后来的中断要等前一个中断处理完之后才能被处理。如果两个相同抢占优先级的中断同时到达，则中断控制器就要根据它们的响应优先级高低来决定先处理哪一个；如果它们的响应优先级也相等，则根据它们在中断表中的排位顺序决定先处理哪一个，靠前的先处理。

STM32F103 中指定中断优先级的寄存器位有 4 位，这 4 位将中断分为 5 个组(组 0～4)，该分组的设置是由 SCB->AIRCR 寄存器的 bit10～bit8 来定义的，分组方式如表 4-2 所示。

表 4-2　STM32 的中断分组

组	AIRCR[10:8]	bit[7:4]分配情况	分　配　结　果
0	111	0:4	0 位抢占优先级，4 位响应优先级
1	110	1:3	1 位抢占优先级，3 位响应优先级
2	101	2:2	2 位抢占优先级，2 位响应优先级
3	100	3:1	3 位抢占优先级，1 位响应优先级
4	011	4:0	4 位抢占优先级，0 位响应优先级

设置优先级分组可调用库函数 NVIC_PriorityGroupConfig()实现，有关 NVIC 中断相关的库函数都在库文件 misc.c 和 misc.h 中，所以当使用到中断时，一定要把 misc.c 和 misc.h 添加到工程组中。NVIC_PriorityGroupConfig()函数的定义如表 4-3 所示。

表 4-3　NVIC_PriorityGroupConfig()函数的定义

函数名	NVIC_PriorityGroupConfig
函数原型	void NVIC_PriorityGroupConfig(u32 NVIC_PriorityGroup)
功能描述	设置优先级分组：抢占优先级和响应优先级
输入参数	NVIC_PriorityGroup：优先级分组位长度

函数有一个参数 NVIC_PriorityGroup，该参数用于设置优先级分组位长度。该参数的允许取值范围见表 4-4 所示。

表 4-4　NVIC_PriorityGroup 的取值

NVIC_PriorityGroup 取值	描　　　述
NVIC_PriorityGroup_0	抢占优先级 0 位，响应优先级 4 位
NVIC_PriorityGroup_1	抢占优先级 1 位，响应优先级 3 位
NVIC_PriorityGroup_2	抢占优先级 2 位，响应优先级 2 位
NVIC_PriorityGroup_3	抢占优先级 3 位，响应优先级 1 位
NVIC_PriorityGroup_4	抢占优先级 4 位，响应优先级 0 位

例如，设置抢占优先级为 1 位，响应优先级为 3 位，则代码如下：

NVIC_PriorityGroupConfig(NVIC_PriorityGroup_1);

4.1.4　中断配置

中断配置步骤如下:

(1) 使能外设某个中断,具体由外设相关中断使能位来控制。

(2) 设置中断优先级分组,初始化 NVIC_InitTypeDef 结构体,设置抢占优先级和响应优先级,使能中断请求。

NVIC_InitTypeDef 结构体如下:

```
typedef struct
{
    uint8_t NVIC_IRQChannel;
    uint8_t NVIC_IRQChannelPreemptionPriority;
    uint8_t NVIC_IRQChannelSubPriority;
    FunctionalState NVIC_IRQChannelCmd;
}NVIC_InitTypeDef;
```

● NVIC_IRQChannel:中断源的设置,不同的外设中断,中断源不一样,自然名字也不一样,所以名字不能写错,否则不会进入中断。中断源放在 stm32f10x.h 文件的 IRQn_Type 结构体内。

● NVIC_IRQChannelPreemptionPriority:抢占优先级,具体的值要根据优先级分组来确定。

● NVIC_IRQChannelSubPriority:响应优先级,具体的值要根据优先级分组来确定。

● NVIC_IRQChannelCmd:中断使能/失能设置,使能配置为 ENABLE,失能配置为 DISABLE。

(3) 编写中断服务函数。配置好中断后如果有触发,即会进入中断服务函数,中断服务函数有固定的函数名,可以在 startup_stm32f10x_hd.s 启动文件中查看。启动文件提供的只是一个中断服务函数名,具体实现什么功能还需要用户编写。可以将中断服务函数放在 stm32f10x_it.c 文件内,也可以放在自己的应用程序中,通常把中断函数放在应用程序中。注意:不要任意修改中断服务函数名,因为启动文件内中断服务函数名已经固定,如果要修改,就必须在启动文件内把原中断函数名做相应修改。

4.2　任务6　按键控制

▶任务目标

通过开发板上的两个按键控制 LED 灯的亮灭,并据此掌握 GPIO 口作为输入的使用方法。

4.2.1　按键介绍

按键是一种电子开关,按下时开关接通,释放时开关断开。通常的按键开关为机械弹性开关，当机械触点断开、闭合时，由于机械弹性作用的影响，会伴随一定时间的触点机械抖动，然后才稳定下来。键按下时的抖动称为前沿抖动，释放时的抖动称为后沿抖动。抖动时间的长短与开关的机械特性有关，持续时间一般为 5～10 ms。按键触点机械抖动示意如图 4-3 所示。

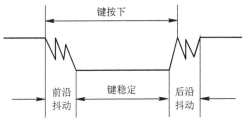

图 4-3 按键触点机械抖动示意

按键抖动会引起按键的误读，为了确保对按键的一次闭合仅做一次处理，必须进行消抖。按键消抖有两种方式，一种是硬件消抖，另一种是软件消抖。软件消抖是在检测到有按键按下时，执行一个 10 ms 左右的延时程序，之后再确认该键电平是否处于闭合状态。同理，在检测到该键释放后，也采用相同的步骤进行确认，从而可消除抖动的影响。一般来说，一个简单的按键消抖就是先读取按键的状态，如果检测到某按键按下，则延时 10 ms，再次读取该按键的状态，如果该按键还是按下状态，那么说明该按键已经按下，其中的延时 10 ms 就是软件消抖处理。

4.2.2 硬件设计

开发板上有两个控制按键，其硬件电路如图 4-4 所示。

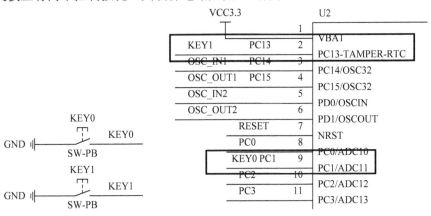

图 4-4 按键原理图

从原理图可以知道，按键 KEY0 连接在芯片的 PC1 引脚上，按键 KEY1 连接在芯片的 PC13 引脚上。按键另一端连接 GND，采用独立式按键接法，按下时芯片管脚即为低电平。

4.2.3 软件设计

复制库函数模板工程文件夹，重新命名为"按键控制"，在 APP 文件夹内新建一个 key 文件夹，里面新建 key.c 和 key.h 两个文件，同时把头文件路径包含进来。整个程序实现的流程步骤如下：

(1) 初始化按键使用的端口及时钟；

(2) 按键检测处理；

(3) 按键控制处理。

1. 按键初始化函数

打开工程中的 key.c 文件，按键初始化代码如下：

```
void KEY_Init(void)
{
    GPIO_InitTypeDef GPIO_InitStructure;                         //定义结构体变量
    RCC_APB2PeriphClockCmd(RCC_APB2Periph_GPIOC, ENABLE);
    GPIO_InitStructure.GPIO_Pin = GPIO_Pin_1 | GPIO_Pin_13;      //选择要设置的 I/O 口
    GPIO_InitStructure.GPIO_Mode = GPIO_Mode_IPU;                //上拉输入
    GPIO_InitStructure.GPIO_Speed = GPIO_Speed_50 MHz;           //设置传输速度
    GPIO_Init(GPIOC, &GPIO_InitStructure);
}
```

KEY_Init()函数用来初始化按键的端口及时钟。要知道按键是否按下，就需要读取按键所对应的 I/O 口的电平状态，因此需要把 GPIO 配置为输入模式。因为按键一端是接地的，当按下后管脚即为低电平，所以需要将管脚配置为上拉输入模式，这样管脚的默认电平就为高电平，如果读取到管脚的电平为低电平时，就说明按键按下。

打开 key.h，编写如下代码：

```
#ifndef _key_H
#define _key_H
#include "system.h"
//使用位操作定义
#define KEY0 PCin(1)
#define KEY1 PCin(13)
```

2. 按键检测函数

要知道哪个按键被按下，就需要编写按键检测函数，具体代码如下：

```
u8 KEY_Scan(u8 mode)
{
    static u8 key = 1;
    if(key == 1&&(KEY0 == 0 || KEY1 == 0))                       //任意按键按下
    {
        delay_ms(10);                        //消抖
        key = 0;
        if(KEY0 == 0)
        {
            return KEY0;
        }
        else if(KEY1 == 0)
        {
            return KEY1;
        }
```

```
    }
    else if(KEY0 == 1&& KEY1 == 1)                    //无按键按下
    {
        key = 1;
    }
    if(mode == 1)                                     //连续按键按下
    {
        key = 1;
    }
    return 0;
}
```

KEY_Scan 函数带有一个形参 mode，该参数用来设定是否连续扫描按键。mode 为 0 时，只能操作一次按键，只有当按键松开后才能触发下次扫描。这样做的好处是可以防止按下一次出现多次触发的情况。mode 为 1 时，函数支持连续扫描，即使按键未释放，因为在函数内部有 if(mode == 1)这条判断语句，因此 key 始终是等于 1 的，所以可以连续扫描按键。当按下某个按键时，会一直返回这个按键的键值，这样做的好处是可以很方便地实现连按操作。函数内的 delay_ms(10)即为软件消抖处理，通常延时 10 ms 即可。

KEY_Scan 函数还带有一个返回值，如果没有按键按下，则返回值为 0，否则返回值为对应按键的键值，这都是头文件内定义好的宏，方便大家记忆和使用。函数内定义了一个 static 变量，所以该函数不是一个可重入函数。还有一点要注意的是，该函数按键的扫描是有优先级的，因为函数内用了 if...else if...else 格式，所以最先扫描处理的按键是 KEY0，其次是 KEY1。如果需要将其优先级设置为一样，那么可以全部用 if 语句。

3. 主函数

主函数的代码如下：

```
#include "system.h"
#include "SysTick.h"
#include "led.h"
#include "key.h"
int main()
{
    u8 key;
    SysTick_Init(72);
    LED_Init();
    KEY_Init();
    while(1)
    {
        key=KEY_Scan(0);                //扫描按键
        switch(key)
        {
```

```
        case KEY0: led2=0;break;          //按下 KEY0 按键，LED2 指示灯亮
        case KEY1: led2=1;break;          //按下 KEY1 按键，LED2 指示灯灭
    }
  }
}
```

　　主函数首先将使用到的硬件初始化(这里说的初始化表示端口和时钟全部初始化，后面不再强调)，比如 LED 和按键，然后在 while 循环内调用按键扫描函数，扫描函数传入的参数值为 0，即 mode = 0，所以这里只进行单次按键操作，将扫描函数返回后的值保存在变量 key 内，通过 switch 语句进行比较，从而控制 LED2。

4.2.4　工程编译与调试

　　将工程程序编译后下载到开发板内，最终效果如图 4-5 所示：当按下 KEY0 键时，LED2 指示灯点亮；当按下 KEY1 键时，LED2 指示灯熄灭。

图 4-5　按键控制效果图

4.3　任务 7　蜂鸣器控制

▶任务目标

通过 GPIO 口控制板载有源蜂鸣器，实现蜂鸣器控制。

4.3.1　蜂鸣器介绍

蜂鸣器是一种一体化结构的电子发声器件，采用直流电压供电，广泛应用于计算机、打印机、复印机、报警器、电子玩具、汽车电子设备、电话机、定时器等电子产品中。蜂鸣器主要分为压电式和电磁式两种类型。

● 压电式蜂鸣器主要由多谐振荡器、压电蜂鸣片、阻抗匹配器、共鸣箱、外壳等组成。多谐振荡器由晶体管或集成电路构成。接通电源后，多谐振荡器起振，输出 1.5～5 kHz 的音频信号，阻抗匹配器推动压电蜂鸣片发声。所以，想要压电式蜂鸣器发声，需提供一定频率的脉冲信号。

● 电磁式蜂鸣器由振荡器、电磁线圈、磁铁、振动膜片及外壳等组成。接通电源后，振荡器产生的音频信号电流通过电磁线圈，使电磁线圈产生磁场，振动膜片在电磁线圈和磁铁的相互作用下周期性地振动发声。所以，想要电磁式蜂鸣器发声，只需提供电源即可。

有源蜂鸣器与无源蜂鸣器的区别：这里的"源"不是指电源，而是指振荡源。也就是说，有源蜂鸣器内部带有振荡源，所以只要一通电就会"叫"；而无源蜂鸣器内部不带振荡源，所以直流信号无法令其"鸣叫"，必须用 2～5 kHz 的方波去驱动它。有源蜂鸣器的价格往往比无源的贵，就是因为里面多了个振荡电路。无源蜂鸣器的优点是便宜、声音频率可控，可以做出"哆来咪发唆啦西"的效果；有源蜂鸣器的优点是程序控制方便。

开发板上使用的蜂鸣器是有源蜂鸣器，属于电磁式蜂鸣器类型。有源蜂鸣器直接接上额定电源(新的蜂鸣器在标签上都有注明)就可连续发声。如果给有源蜂鸣器加一个 1.5～5 kHz 的脉冲信号，同样也会发声，而且改变这个频率可以调节蜂鸣器音调，产生各种不同音色、音调的声音。改变输出电平的高低电平占空比，还可以改变蜂鸣器的声音大小。有源蜂鸣器实物图如图 4-6 所示。

图 4-6　有源蜂鸣器实物图

4.3.2　硬件设计

根据 STM32F103 芯片数据手册可知，单个 I/O 口的最大输出电流是 25 mA，而蜂鸣器的工作电流一般是 30 mA 左右。针对这种情况，使用三极管放大电流就可以了，这样 STM32 的 I/O 口只需要提供不到 1 mA 的电流就可控制蜂鸣器。开发板上的蜂鸣器模块电路如图 4-7 所示。

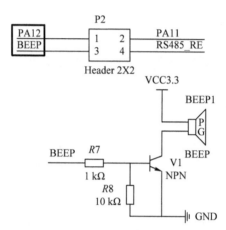

图 4-7　开发板上的蜂鸣器模块电路

从电路图可以看到，蜂鸣器和引脚 PA12 通过跳线连接，当网络节点 BEEP 为高电平时，三极管 V1 导通，蜂鸣器有电流，鸣响；为低电平时，三极管 V1 截止，蜂鸣器无电流流过，不响。电阻 $R8$ 的作用是在 BEEP 节点悬空时，为三极管 V1 的基极提供一个稳定的电平；电阻 $R7$ 为三极管 V1 的基极电阻，作用是限制基极电流；三极管 V1 起开关的作用，控制蜂鸣器的鸣响。

4.3.3　软件设计

这里利用 GPIO 端口定时翻转电平来产生符合蜂鸣器要求的频率的波形来驱动蜂鸣器。比如，工作频率为 2500 Hz 的蜂鸣器，周期为 400 μs，这样只需要 GPIO 端口每 200 μs 翻转一次电平就可以产生一个频率为 2500 Hz、占空比为 1/2 的方波，再通过三极管放大就可以驱动这个蜂鸣器了。

在之前的工程模板基础上，创建"蜂鸣器"工程，在 APP 文件夹内新建一个 beep 文件夹，里面新建 beep.c 和 beep.h 文件，同时把头文件路径包含进来。

1. 蜂鸣器初始化函数

打开工程中的 beep.c 文件，编写代码如下：

```
#include "beep.h"
void BEEP_Init()   //端口初始化
{
    GPIO_InitTypeDef GPIO_InitStructure;              //声明一个结构体变量，用来初始化 GPIO
```

```
RCC_APB2PeriphClockCmd(RCC_APB2Periph_GPIOA,ENABLE);      /*开启 GPIO 时钟 */
    /*配置 GPIO 的模式和 I/O 口  */
GPIO_InitStructure.GPIO_Pin= GPIO_Pin_12;                //选择要设置的 I/O 口
GPIO_InitStructure.GPIO_Mode=GPIO_Mode_Out_PP;           //设置推挽输出模式
GPIO_InitStructure.GPIO_Speed=GPIO_Speed_50 MHz;         //设置传输速率
GPIO_Init(GPIOA,&GPIO_InitStructure);                    /*初始化 GPIO */
}
```

BEEP_Init()函数用来初始化蜂鸣器的端口及时钟。

打开 beep.h，编写代码如下：

```
#ifndef _beep_H
#define _beep_H
#include "system.h"
 /*蜂鸣器时钟端口、引脚定义 */
#define beep PAout(12)
void BEEP_Init(void);
#endif
```

2. 主函数

打开工程中的 main.c 文件，编写代码如下：

```
#include "system.h"
#include "SysTick.h"
#include "beep.h"
int main()
{
    u16 i=0;
    SysTick_Init(72);
    LED_Init();
    BEEP_Init();
    while(1)
    {
        i++;
        if(i%20 == 0)
        {
            beep =! beep;
        }
        delay_us(10);
    }
}
```

主函数首先对使用到的外设硬件进行初始化，然后进入 while 循环，间隔 200 μs 对蜂鸣器管脚电平进行翻转,这样就产生了一个频率为 2500 Hz 的脉冲,因为使用到了 delay_us 延时函数,所以在 main 函数开始处就需要调用 SysTick_Init(72)初始化,这个在后面所有程序中都会使用,后面不再重复。

4.3.4　工程编译与调试

将工程程序编译下载到开发板内,最终效果是蜂鸣器灯亮并发声,如图 4-8 所示。

图 4-8　蜂鸣器控制效果图

4.4　任务 8　外部中断控制

◆)任务目标

本任务实现的功能是采用外部中断方式通过按键控制蜂鸣器发声。

4.4.1　外部中断介绍

1. 外部中断/事件控制器 EXTI 简介

外部中断/事件控制器 EXTI(External Interrupt/Event controller)由 20 个产生事件/中断请求的边沿检测器组成,每个输入线可以独立地配置输入类型(脉冲或挂起)和对应的触发事件(上升沿或下降沿触发,或者双边沿都触发),每个输入线都可以独立地被屏蔽,挂起寄存器保持着状态线的中断请求。

2. EXTI 结构框图

EXTI 结构框图包含了 EXTI 最核心的内容。EXTI 结构框图如图 4-9 所示。

从图 4-9 可以看到,外设接口时钟是由 PCLK2 即 APB2 提供的,所以在使能 EXTI 时钟时一定要注意。EXTI 结构框图分为上下两大部分,上部分用于产生中断,下部分用于产生事件。信号线上的"20"代表 EXTI 总共有 20 个中断/事件输入线。

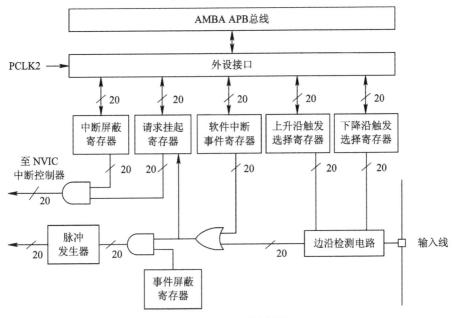

图 4-9　EXTI 结构框图

EXTI 控制器有 20 个中断/事件输入线，这些输入线可以通过寄存器设置为任意一个 GPIO，也可以是一些外设的事件。输入线一般是存在电平变化的信号，对应连接的外设说明如表 4-5 所示。

表 4-5　EXTI 线路表

EXTI 线路	说　　　明
EXTI 线 0～15	对应外部 I/O 口的输入中断
EXTI 线 16	连接到 PVD 输出
EXTI 线 17	连接到 RTC 闹钟事件
EXTI 线 18	连接到 USB OTG FS 唤醒事件
EXTI 线 19	连接到以太网唤醒事件

下面按照图 4-9 从右往左分别介绍这些中断功能和事件功能。

1）中断功能

从 EXTI 结构框图可以看出，中断线路最终会输入到 NVIC 控制器中，从而会执行中断服务函数，实现中断功能。

（1）边沿检测电路：边沿检测电路以输入线作为信号输入端，如果检测到有边沿跳变就输出有效信号"1"，否则输出无效信号"0"到或门电路的输入端。EXTI 可以对触发方式进行选择，通过上升沿触发选择寄存器(EXTI_RTSR)和下降沿触发选择寄存器(EXTI_FTSR)对应位的设置来控制信号触发。而上升沿触发选择寄存器和下降沿触发选择寄存器可以控制需要检测哪些类型的电平的跳变过程，可以是只有上升沿触发、只有下降沿触发或者上升沿和下降沿都触发。上升沿触发选择寄存器(EXTI_RTSR)和下降沿触发选择寄存器(EXTI_FTSR)的定义如图 4-10 所示。

31	30	29	28	27	26	25	24	23	22	21	20	19	18	17	16
保留													TR18	TR17	TR16
													rw	rw	rw

15	14	13	12	11	10	9	8	7	6	5	4	3	2	1	0
TR15	TR14	TR13	TR12	TR11	TR10	TR9	TR8	TR7	TR6	TR5	TR4	TR3	TR2	TR1	TR0
rw	rw	rw	rw	rw	rw	rw	rw	rw	rw	rw	rw	rw	rw	rw	rw

图 4-10　上升沿/下降沿触发选择寄存器

图中：

● 位[31:19]：保留，必须始终保持为复位状态(0)。

● 位[18:0]：TRx，线 x 上的上升沿/下降沿触发事件配置位。取值及含义如下：0 表示禁止输入线 x 上的上升沿/下降沿触发(中断和事件)，1 表示允许输入线 x 上的上升沿/下降沿触发(中断和事件)。

(2) 或门电路：或门电路的两条输入信号线一条由边沿检测电路提供，一条由软件中断事件寄存器(EXTI_SWIER)提供，只要有一个为有效信号"1"，或门电路就输出有效信号"1"，否则输出无效信号"0"。软件中断事件寄存器允许使用软件来启动中断/事件线，这在某些场合非常有用。软件中断事件寄存器(EXTI_SWIER)的定义如图 4-11 所示。

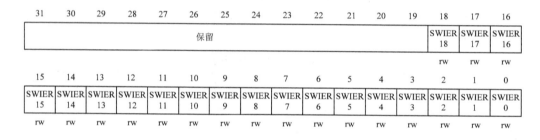

31	30	29	28	27	26	25	24	23	22	21	20	19	18	17	16
保留													SWIER 18	SWIER 17	SWIER 16
													rw	rw	rw

15	14	13	12	11	10	9	8	7	6	5	4	3	2	1	0
SWIER 15	SWIER 14	SWIER 13	SWIER 12	SWIER 11	SWIER 10	SWIER 9	SWIER 8	SWIER 7	SWIER 6	SWIER 5	SWIER 4	SWIER 3	SWIER 2	SWIER 1	SWIER 0
rw	rw	rw	rw	rw	rw	rw	rw	rw	rw	rw	rw	rw	rw	rw	rw

图 4-11　软件中断事件寄存器(EXTI_SWIER)

图中：

● 位[31:19]：保留，必须始终保持为复位状态(0)。

● 位[18:0]：SWIERx，线 x 上的软件中断，当该位为"0"时，写"1"将设置 EXTI_PR 中相应的挂起位。如果在 EXTI_IMR 和 EXTI_EMR 中允许产生该中断，则此时将产生一个中断。

注：通过清除 EXTI_PR 的对应位(写入"1")，可以清除该位为"0"。

(3) 与门电路：与门电路的两条输入信号线一条由请求挂起寄存器(EXTI_PR)输出提供，一条由中断屏蔽寄存器(EXTI_IMR)提供，只有当两者都为有效信号"1"时，与门电路才会输出有效信号"1"，否则输出无效。这样就可以简单地控制中断屏蔽寄存器来实现是否产生中断。当把中断屏蔽寄存器设置为"1"时，与门电路的输出就取决于或门电路的输出。或门电路输出的信号会被保存到请求挂起寄存器内，如果确定或门电路输出为"1"，就会把请求挂起寄存器的对应位置"1"，接着将请求挂起寄存器内容输入到 NVIC 内，从而实现系统中断事件的控制。请求挂起寄存器(EXTI_PR)的定义如图 4-12 所示。

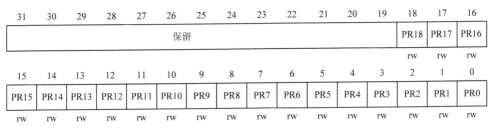

图 4-12　请求挂起寄存器(EXTI_PR)

图中：

● 位[31:19]：保留，必须始终保持为复位状态(0)。

● 位[18:0]：PRx，挂起位。取值及含义如下：0 表示没有发生触发请求，1 表示发生了选择的触发请求。

当在外部中断线上发生了选择的边沿事件，该位被置"1"。在该位中写入"1"可以清除它，也可以通过改变边沿检测的极性清除。

中断屏蔽寄存器(EXTI_IMR)的定义如图 4-13 所示。

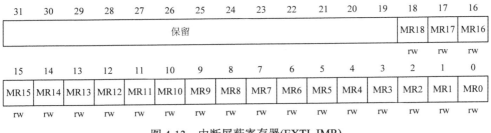

图 4-13　中断屏蔽寄存器(EXTI_IMR)

图中：

● 位[31:19]：保留，必须始终保持为复位状态(0)。

● 位[18:0]：MRx，线 x 上的中断屏蔽。取值及含义如下：0 表示屏蔽来自线 x 上的中断请求，1 表示开放来自线 x 上的中断请求。

2) 事件功能

从 EXTI 结构框图可以看出，事件线路最后产生的脉冲信号会流向其他的外设电路。前面都是一样的，只是在或门的输出后产生分支。

(1) 与门电路：两个输入，一个来自或门电路的输出，一个来自事件屏蔽寄存器(EXTI_EMR)，只有两者都为有效电平"1"，与门电路输出才有效。当事件屏蔽寄存器设置为"0"时，与门电路输出均为"0"。当事件屏蔽寄存器设置为"1"时，与门电路输出取决于或门电路输出，这样就可以简单地通过控制事件屏蔽寄存器来达到控制事件是否产生的目的。

事件屏蔽寄存器(EXTI_EMR)的定义如图 4-14 所示。

图中：

● 位[31:19]：保留，必须始终保持为复位状态(0)。

● 位[18:0]：MRx，线 x 上的事件屏蔽。取值及含义如下：0 表示屏蔽来自线 x 上的事件请求，1 表示开放来自线 x 上的事件请求。

31	30	29	28	27	26	25	24	23	22	21	20	19	18	17	16
保留													MR18	MR17	MR16
													rw	rw	rw

15	14	13	12	11	10	9	8	7	6	5	4	3	2	1	0
MR15	MR14	MR13	MR12	MR11	MR10	MR9	MR8	MR7	MR6	MR5	MR4	MR3	MR2	MR1	MR0
rw	rw	rw	rw	rw	rw	rw	rw	rw	rw	rw	rw	rw	rw	rw	rw

图 4-14　事件屏蔽寄存器(EXTI_EMR)

(2) 脉冲发生器电路：其输入端只与与门电路输出有关，与门输出有效，脉冲发生器才会输出一个脉冲信号。脉冲信号是事件线路的终端，此脉冲信号可供其他外设电路使用，比如定时器、ADC 等。这样的脉冲信号通常用来触发定时器、ADC 等。

3. 外部中断/事件线映射

从表 4-5 可知，STM32F10x 的 EXTI 供外部 I/O 口使用的中断线有 16 根，但是使用的 STM32F103 芯片却远远不止 16 个 I/O 口，那么 STM32F103 芯片是怎么解决这个问题的呢？因为 STM32F103 芯片每个 GPIO 端口均有 16 个管脚，因此把每个端口的 16 个 I/O 对应 16 根中断线 EXTI0～EXTI15。比如，GPIOx.0～GPIOx.15(x = A，B，C，D，E，F，G)分别对应中断线 EXTI0～EXTI15，这样一来每根中断线就对应了最多 7 个 I/O 口(如 GPIOA.0、GPIOB.0、GPIOC.0、GPIOD.0、GPIOE.0、GPIOF.0、GPIOG.0)。但是中断线每次只能连接一个在 I/O 口上，这就需要通过 AFIO 的外部中断配置寄存器(AFIO_EXTICR1～AFIO_EXTICR4)的 EXTIx[3:0]位来决定对应的中断线映射到哪个 GPIO 端口上。外部中断配置寄存器(AFIO_EXTICR1～AFIO_EXTICR4)的定义相似，其中外部中断配置寄存器 2(AFIO_EXTICR2)的定义如图 4-15 所示。

31	30	29	28	27	26	25	24	23	22	21	20	19	18	17	16
保留															

15	14	13	12	11	10	9	8	7	6	5	4	3	2	1	0
EXTI7[3:0]				EXTI6[3:0]				EXTI5[3:0]				EXTI4[3:0]			
rw	rw	rw	rw	rw	rw	rw	rw	rw	rw	rw	rw	rw	rw	rw	rw

图 4-15　外部中断配置寄存器 2(AFIO_EXTICR2)

图中：

● 位[31:16]：保留。

● 位[15:0]：EXTIx[3:0]，EXTIx 配置(x=4…7)，这些位可由软件读写，用于选择 EXTIx 外部中断的输入源。取值及含义如下：0000 表示 PA[x]引脚，0100 表示 PE[x]引脚，0001 表示 PB[x]引脚，0101 表示 PF[x]引脚，0010 表示 PC[x]引脚，0110 表示 PG[x]引脚，0011 表示 PD[x]引脚。

中断线映射到 GPIO 端口上的配置函数在 stm32f10x_gpio.c 和 stm32f10x_gpio.h 中，所以使用外部中断时要把这个文件加入工程中，在创建库函数模板的时候默认已经添加。EXTI 的 GPIO 映射图如图 4-16 所示。

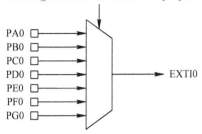

在 AFIO_EXTICR0 寄存器的 EXTI0[3:0] 位

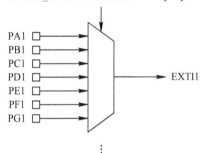

在 AFIO_EXTICR1 寄存器的 EXTI1[3:0] 位

⋮

在AFIO_EXTICR4寄存器的EXTI15[3:0]位

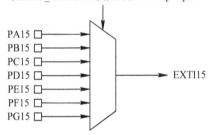

图 4-16 EXTI 的 GPIO 映射图

4.4.2 EXTI 配置步骤

EXTI 相关库函数在 stm32f10x_exti.c 和 stm32f10x_exti.h 文件中。下面介绍如何使用库函数对外部中断进行配置。这也是在编写程序中必须要了解的。具体步骤如下：

(1) 使能 I/O 口时钟，配置 I/O 口模式为输入。由于本节使用开发板上的两个按键 I/O 口作为外部中断输入线，因此需要使能对应的 I/O 口时钟及配置 I/O 口模式，把对应 I/O 口设置为输入模式，参见 "4.2 任务6 按键控制"。

(2) 开启 AFIO 时钟，通过 AFIO_EXTICRx 配置 GPIO 线上的外部中断/事件，必须先使能 AFIO 时钟，设置 I/O 口与中断线的映射关系。前面已经说了它是挂接在 APB2 总线上的，所以使能 AFIO 时钟的库函数为

RCC_APB2PeriphClockCmd(RCC_APB2Periph_AFIO,ENABLE);

然后，就可以把 GPIO 映射到对应的中断线上了。打开固件库参考手册，找到 GPIO 库函数，配置 GPIO 与中断线映射的库函数为 GPIO_EXTILineConfig，如表 4-6 所示。

表 4-6　库函数 GPIO_EXTILineConfig

函数名	GPIO_EXTILineConfig
函数原型	void GPIO_EXTILineConfig(u8 GPIO_PortSource, u8 GPIO_PinSource)
功能描述	选择 GPIO 管脚用作外部中断线路
输入参数 1	GPIO_PortSource：选择用作外部中断线源的 GPIO 端口
输入参数 2	GPIO_PinSource：待设置的外部中断线路。该参数可以取 GPIO_PinSourcex(x 可以是 0…15)

输入参数 GPIO_PortSource 的取值，如表 4-7 所示。

表 4-7　GPIO_PortSource 的取值

GPIO_PortSource	含　义
GPIO_PortSourceGPIOA	选择 GPIOA
GPIO_PortSourceGPIOB	选择 GPIOB
GPIO_PortSourceGPIOC	选择 GPIOC
GPIO_PortSourceGPIOD	选择 GPIOD
GPIO_PortSourceGPIOE	选择 GPIOE

比如，将中断线 1 映射到 GPIOC 端口，那么就需要如下配置：

　　GPIO_EXTILineConfig(GPIO_PortSourceGPIOC,GPIO_PinSource1);

这时候 GPIOC.1 管脚就与中断线 1 连接起来，其他端口中断线的映射类似。

(3) 配置中断分组(NVIC)，使能中断。EXTI 产生的中断最终是流向 NVIC 控制器的，由 NVIC 调用中断服务函数，因此需要对 NVIC 进行配置。NVIC 的配置在上一节介绍 STM32 中断的时候已经讲过，配置 NVIC 的范例如下：

```
NVIC_InitTypeDefNVIC_InitStructure;                              //EXTI1 NVIC 配置
NVIC_InitStructure.NVIC_IRQChannel = EXTI1_IRQn;                 //EXTI1 中断通道
NVIC_InitStructure.NVIC_IRQChannelPreemptionPriority=2;         //先占优先级
NVIC_InitStructure.NVIC_IRQChannelSubPriority =3;               //从优先级
NVIC_InitStructure.NVIC_IRQChannelCmd = ENABLE;                //IRQ 通道使能
NVIC_Init(&NVIC_InitStructure);          //根据指定的参数初始化 NVIC 寄存器
```

(4) 初始化 EXTI，选择触发方式。配置好 NVIC 后，还需要对中断线上的中断初始化。EXTI 初始化库函数为 EXTI_Init，如表 4-8 所示。

表 4-8　EXTI 初始化库函数

函数名	EXTI_Init
函数原型	void EXTI_Init(EXTI_InitTypeDef* EXTI_InitStruct)
功能描述	根据 EXTI_InitStruct 中指定的参数初始化外设 EXTI 寄存器
输入参数	EXTI_InitStruct：指向结构 EXTI_InitTypeDef 的指针，包含了外设 EXTI 的配置信息

EXTI_Init 库函数的形式如下：

　　void EXTI_Init(EXTI_InitTypeDef*EXTI_InitStruct);

函数形参有一个结构体 EXTI_InitTypeDef 类型的指针变量，EXTI_InitTypeDef 定义于文件"stm32f10x_exti.h"中，结构体成员变量如下：

　　typedef struct

　　{

　　　　u32 EXTI_Line;

　　　　EXTIMode_TypeDef EXTI_Mode;

　　　　EXTITrigger_TypeDef EXTI_Trigger;

　　　　FunctionalState EXTI_LineCmd;

　　}EXTI_InitTypeDef;

结构体内成员的意义如下：

● EXTI_Line：EXTI 中断/事件线选择，可配置参数为 EXTI0～EXTI19，可参考表 4-5 EXTI 线路表。

● EXTI_Mode：EXTI 模式选择，可以配置为中断模式 EXTI_Mode_Interrupt 和事件模式 EXTI_Mode_Event。

● EXTI_Trigger：触发方式选择，可以配置为上升沿触发 EXTI_Trigger_Rising、下降沿触发 EXTI_Trigger_Falling、上升沿和下降沿触发 EXTI_Trigger_Rising_Falling。

● EXTI_LineCmd：中断线使能或者失能，配置 ENABLE 为使能，DISABLE 为失能，这里要使用外部中断，所以需使能。

(5) 编写 EXTI 中断服务函数。所有中断函数都在 STM32F1 启动文件中，若不知道中断函数名，可以打开启动文件查找。这里使用的是外部中断，其函数名如下：

　　EXTI0_IRQHandler

　　EXTI1_IRQHandler

　　EXTI2_IRQHandler

　　EXTI3_IRQHandler

　　EXTI4_IRQHandler

　　EXTI9_5_IRQHandler

　　EXTI15_10_IRQHandler

从函数名可以看到，前面 0～4 个中断线都是独立的函数，中断线 5～9 共用一个函数 EXTI9_5_IRQHandler，中断线 10～15 也共用一个函数 EXTI15_10_IRQHandler，所以在编写对应中断服务函数时要注意。

4.4.3 硬件设计

本任务硬件电路同按键控制章节，当 KEY0 按键按下时，对应的 PC1 引脚电平会发生变化，这时只要配置好对应端口的外部中断触发方式就可以触发中断。

4.4.4 软件设计

要实现外部中断方式控制 BEEP，程序框架如下：

(1) 初始化对应端口的 EXTI；

(2) 编写 EXTI 中断函数；

(3) 编写主函数。

在前面介绍 EXTI 配置步骤时，就已经讲解了如何初始化 EXTI。下面将复制的蜂鸣器工程文件修改为"外部中断"工程，在 APP 工程组中添加 exti.c 和 exti.h 文件，在 StdPeriph_Driver 工程组中添加 stm32f10x_exti.c 库文件。外部中断操作的库函数都放在 stm32f10x_exti.c 和 stm32f10x_exti.h 文件中，所以使用外部中断时就必须加入 stm32f10x_exti.c 文件，同时要包含对应的头文件路径。

1) EXTI 初始化函数

要使用外部中断，必须先对它进行配置。EXTI 初始化代码如下：

```
void My_EXTI_Init(void)
{
    NVIC_InitTypeDef NVIC_InitStructure;
    EXTI_InitTypeDef EXTI_InitStructure;
    RCC_APB2PeriphClockCmd(RCC_APB2Periph_AFIO,ENABLE);
    GPIO_EXTILineConfig(GPIO_PortSourceGPIOC, GPIO_PinSource1);
                                        //选择 PC1 管脚作为外部中断线路
    //EXTI1 NVIC 配置
    NVIC_InitStructure.NVIC_IRQChannel = EXTI1_IRQn;        //EXTI1 中断通道
    NVIC_InitStructure.NVIC_IRQChannelPreemptionPriority=2;  //抢占优先级
    NVIC_InitStructure.NVIC_IRQChannelSubPriority =3;       //响应优先级
    NVIC_InitStructure.NVIC_IRQChannelCmd = ENABLE;        //IRQ 通道使能
    NVIC_Init(&NVIC_InitStructure);              //根据指定的参数初始化 NVIC 寄存器

    EXTI_InitStructure.EXTI_Line=EXTI_Line1;
    EXTI_InitStructure.EXTI_Mode=EXTI_Mode_Interrupt;
    EXTI_InitStructure.EXTI_Trigger=EXTI_Trigger_Falling;
    EXTI_InitStructure.EXTI_LineCmd=ENABLE;
    EXTI_Init(&EXTI_InitStructure);
}
```

在 My_EXTI_Init()函数中，首先使能 AFIO 时钟，并将按键端口映射到对应中断线上，然后配置相应的 NVIC，并使能对应中断通道，配置优先级。分组代码放在了主函数，只有一条语句：

```
    NVIC_PriorityGroupConfig(NVIC_PriorityGroup_2);        //中断优先级分组分 2 组
```

最后就是对 EXTI 初始化，通过配置 EXTI_InitStructure 结构体成员值实现 EXTI 的配

置。从代码中可以看到，中断线 1(EXTI_Line1)被配置为下降沿触发，这是因为按键是低
电平有效的，这个在按键实验中已经介绍过。

2) 编写 EXTI 中断函数

初始化 EXTI 后，中断就已经开启了，当按键按下后会触发一次中断，这时程序就会
进入中断服务函数执行，所以还需要编写对应的 EXTI 中断函数。具体代码如下：

```
void EXTI1_IRQHandler(void)
{
    if(EXTI_GetITStatus(EXTI_Line1) == 1)
    {
        delay_ms(10);
        if(KEY0 == 1)
        {
            BEEP=0;
        }
    }
    EXTI_ClearITPendingBit(EXTI_Line1);
}
```

因为 PC1 管脚对应的中断线是 EXTI1，所以其中断函数为 EXTI1_IRQHandler，这从
名字来看就很好理解。进入中断函数后，为了确保中断真的发生，还会对其中断标志位状
态进行判断，获取 EXTI 中断标志位状态的函数如下：

```
EXTI_GetITStatus(EXTI_Line1);
```

函数参数 EXTI_Line1 是所要判断的中断线，可以为 EXTI_Line0～EXTI_Line19。

如果 EXTI 中断线有中断发生，则函数返回 SET，否则返回 RESET。SET 可以用"1"
表示，RESET 可以用"0"表示。在结束中断服务函数前，还需清除中断标志位，函数
如下：

```
EXTI_ClearITPendingBit(EXTI_Line1);
```

在库函数内，还提供了两个判断外部中断状态以及清除外部状态标志位的函数
EXTI_GetFlagStatus 和 EXTI_ClearFlag，它们的作用和前面两个函数的作用类似，只是在
EXTI_GetITStatus 函数中会先判断这种中断是否使能，使能了才去判断中断标志位，而
EXTI_GetFlagStatus 直接用来判断状态标志位。在中断函数内，还调用了 delay_ms 函数，
用于软件消抖，如果 KEY0 确实按下了，则蜂鸣器会发声。

3) 编写主函数

编写好 EXTI 初始化和中断服务函数后，接下来就可以编写主函数了，代码如下：

```
int main()
{
    u8 i;
    SysTick_Init(72);
    NVIC_PriorityGroupConfig(NVIC_PriorityGroup_2);   //中断优先级分组，分 2 组
```

```
BEEP_Init();
KEY_Init();
My_EXTI_Init();   //外部中断初始化
while(1)
{
    i++;
    if(i%20 == 0)
    {
        BEEP =! BEEP;
    }
    delay_ms(10);
}
}
```

　　主函数首先对 NVIC 进行分组，将 NVIC 分为 2 组，即抢占优先级和响应优先级都占 2 位，后面的任务中断分组都采用这种设置，不再重复介绍；再对使用到的硬件端口时钟和 I/O 口初始化，然后调用前面编写的 EXTI 初始化函数，最后进入 while 循环语句，不断让蜂鸣器发声。

　　采用中断方式控制蜂鸣器和不采用中断方式控制蜂鸣器的不同在于：不采用中断方式时，在主函数中通过按键对蜂鸣器实现控制；采用中断方式时，在 My_EXTI_Init() 函数内就已经把按键管脚映射到中断线上，并配置了相应的触发方式，若有按键按下，则会进入对应的中断服务函数执行相应的功能程序，蜂鸣器的控制在中断函数内就完成了。

4.4.5　工程编译与调试

　　将工程程序编译后下载到开发板内，当按下按键时，蜂鸣器会发声。外部中断控制效果如图 4-17 所示。

图 4-17　外部中断控制效果图

举 一 反 三

1. 打开之前编写好的库函数程序，查看 misc.c、misc.h、core_cm3.h 及 startup_stm32f10x_hd.s 文件内容，对照本章提到的函数及结构体等加深印象。

2. 使用连续扫描模式调节蜂鸣器声音和音调(温馨提示：如果连续扫描返回键值太快，可以进行一定处理，间隔一段时间让其按键值返回)。

3. 改变蜂鸣器发声音调和声音大小(温馨提示：改变音调即修改管脚输出频率，改变声音大小即修改占空比)。

4. 使用外部中断方式来调节蜂鸣器的音调和声音(温馨提示：方法和按键实验章节类似，只不过这里采用外部中断来处理)。

5. 使用之前所学的倒计时以及数码管知识，设计一个倒时器归 0 蜂鸣器响的功能。

项目 5 呼吸灯控制设计与实现

1. 掌握 STM32 通用定时器的原理及软件配置方法。
2. 掌握 STM32 通用定时器的中断原理及软件配置方法。
3. 掌握 STM32 PWM 的原理。
4. 能利用定时器实现 PWM 呼吸灯。

5.1 定时器介绍

STM32F1 的定时器由 2 个基本定时器(TIM6、TIM7)、4 个通用定时器(TIM2～TIM5)和 2 个高级定时器(TIM1、TIM8)组成。基本定时器的功能最为简单,通用定时器在基本定时器的基础上增加了输入捕获与输出比较等功能,高级定时器在通用定时器基础上增加了可编程死区互补输出、重复计数等功能。本节以通用定时器为例进行讲解,通过 TIM2 中断控制 LED2 指示灯闪烁,主函数控制 LED1 指示灯闪烁。

5.1.1 通用定时器简介

通用定时器是一个由可编程预分频器驱动的 16 位自动装载计数器,可用来测量输入信号的脉冲宽度(输入捕获)或者产生输出波形(输出比较和 PWM)。使用定时器预分频器和 RCC 时钟控制器预分频器,输出波形的脉冲宽度和周期可以在几个微秒到几个毫秒间调整,每个定时器都是完全独立的,可以一起同步操作。

5.1.2 通用定时器结构框图

STM32F1 的通用定时器 TIMx(TIM2～TIM5)具有如下功能:

(1) 16 位自动装载计数器(TIMx_CNT)可进行向上计数、向下计数和向上/向下双向计数。

(2) 16 位可编程(可以实时修改)预分频器(TIMx_PSC)向计数器提供的时钟频率的分频系数为 1～65 535 之间的任意数值。

(3) 4 个独立通道(TIMx_CH1～CH4)可以用来实现输入捕获、输出比较、PWM 生成(边缘或中间对齐模式)、单脉冲模式输出等功能。

(4) 可使用外部信号(TIMx_ETR)控制定时器,可实现多个定时器互连(可以用一个定时器控制另外一个定时器)的同步电路。

(5) 如下事件发生时产生中断/DMA 请求:

● 更新,如计数器向上溢出/向下溢出,计数器初始化(通过软件或者内部/外部触发);

● 触发事件(计数器启动、停止、初始化或者由内部/外部触发计数);

● 输入捕获;

● 输出比较。

(6) 支持针对定位的增量(正交)编码器和霍尔传感器电路。

通用定时器的内部结构框图如图 5-1 所示。

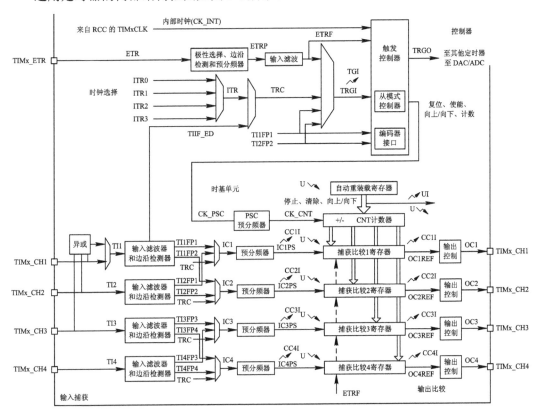

注:1. 根据控制位的设定,在 U 事件时传送预加载寄存器的内容至工作寄存器。

　　2. 图中的符号 ⤵ 表示事件;符号 ⤴ 表示中断和 DMA 输出

图 5-1　通用定时器内部结构框图

下面分六部分对通用定时器的内部构成及工作原理进行介绍。

1. 时基单元

可编程通用定时器的主要部分是一个 16 位计数器和与其相关的自动装载寄存器。这个计数器可以向上计数、向下计数或者向上向下双向计数。此计数器时钟由预分频器分频得到,通过寄存器内的相应位的设置,分频系数值可在 1 到 65 535 之间。计数器寄存器(TIMx_CNT)、预分频器寄存器(TIMx_PSC)、自动重载寄存器(TIMx_ARR)可以由软件读写,在计数器运行时仍可以读写。计数器寄存器(TIMx_CNT)的定义如图 5-2 所示,预分频器寄存器(TIMx_PSC)的定义如图 5-3 所示，自动重装载寄存器(TIMx_ARR)的定义如图 5-4 所示。

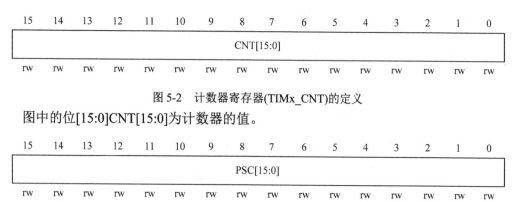

15	14	13	12	11	10	9	8	7	6	5	4	3	2	1	0
CNT[15:0]														
rw	rw	rw	rw	rw	rw	rw	rw	rw	rw	rw	rw	rw	rw	rw	rw

图 5-2　计数器寄存器(TIMx_CNT)的定义

图中的位[15:0]CNT[15:0]为计数器的值。

15	14	13	12	11	10	9	8	7	6	5	4	3	2	1	0
PSC[15:0]														
rw	rw	rw	rw	rw	rw	rw	rw	rw	rw	rw	rw	rw	rw	rw	rw

图 5-3　预分频器寄存器(TIMx_PSC)的定义

图中的位 [15:0]PSC[15:0]为预分频器的值，计数器的时钟频率 CK_CNT 等于 $f_{\text{CK\_PSC}}$/(PSC[15:0]+1)。PSC 包含了当更新事件产生时装入当前预分频器寄存器的值。

15	14	13	12	11	10	9	8	7	6	5	4	3	2	1	0
ARR[15:0]														
rw	rw	rw	rw	rw	rw	rw	rw	rw	rw	rw	rw	rw	rw	rw	rw

图 5-4　自动重装载寄存器(TIMx_ARR)的定义

图中的位[15:0]ARR[15:0]为自动重装载的值，ARR 包含了将要传送至实际的自动重装载寄存器的数值。

自动装载寄存器是预先装载的，写或读自动重装载寄存器将访问预装载寄存器。根据在 TIMx_CR1 控制寄存器中的自动装载预装载使能位(ARPE)的设置，预装载寄存器的内容被立即或在每次的更新事件 UEV 时传送到影子寄存器。当计数器达到溢出条件(向下计数时的下溢条件)并当 TIMx_CR1 寄存器中的 UDIS 位等于"0"时，产生更新事件。更新事件也可以由软件产生。随后会详细描述每一种配置下更新事件的产生。

计数器由预分频器的时钟输出 CK_CNT 驱动，仅当设置了控制寄存器 1(TIMx_CR1)中的计数器使能位(CEN)时，CK_CNT 才有效。控制寄存器 1(TIMx_CR1)的定义如图 5-5 所示。(有关计数器使能的细节，请参见控制器的从模式描述。)

注：真正的计数器使能信号 CNT_EN 是在 CEN 的一个时钟周期后被设置的。

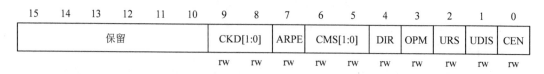

15	14	13	12	11	10	9	8	7	6	5	4	3	2	1	0
保留						CKD[1:0]		ARPE	CMS[1:0]		DIR	OPM	URS	UDIS	CEN
						rw	rw	rw	rw	rw	rw	rw	rw	rw	rw

图 5-5　控制寄存器 1(TIMx_CR1)

图中：

● 位[7]ARPE：自动重装载预装载允许位。取值及含义如下：0 表示 TIMx_ARR 寄存器没有缓冲，1 表示 TIMx_ARR 寄存器被装入缓冲器。

●：位[6:5]CMS[1:0]：选择中央对齐模式位，取值及含义如下：

00：边沿对齐模式，计数器依据方向位(DIR)向上或向下计数。

01：中央对齐模式 1，计数器交替地向上和向下计数。配置为输出的通道(TIMx_CCMRx 寄存器中 CCxS = 00)的输出比较中断标志位，只在计数器向下计数时被设置。

10：中央对齐模式 2，计数器交替地向上和向下计数。配置为输出的通道(TIMx_CCMRx 寄存器中 CCxS = 00)的输出比较中断标志位，只在计数器向上计数时被设置。

11：中央对齐模式 3，计数器交替地向上和向下计数。配置为输出的通道(TIMx_CCMRx 寄存器中 CCxS = 00)的输出比较中断标志位，在计数器向上和向下计数时均被设置。

注：在计数器开启时(CEN = 1)，不允许从边沿对齐模式转换到中央对齐模式。

● 位[4]DIR：计数方向位。取值及含义如下：0 表示计数器向上计数，1 表示计数器向下计数。

● 位[2]URS：更新请求源位。软件通过该位的值选择 UEV 事件的源。取值及含义如下：

0：如果使能了更新中断或 DMA 请求，则计数器溢出/下溢、设置 UG 位、从模式控制器产生的更新中的任一事件均可产生更新中断或 DMA 请求。

1：如果使能了更新中断或 DMA 请求，则只有计数器溢出/下溢时才产生更新中断或 DMA 请求。

● 位[1]UDIS：禁止更新位，软件通过对该位的设置，允许/禁止 UEV 事件的产生。取值及含义如下：

0：允许 UEV，更新(UEV)事件由计数器溢出/下溢、设置 UG 位、从模式控制器产生的更新中的任一事件产生。具有缓存的寄存器被装入它们的预装载值。(注：用于更新影子寄存器。)

1：禁止 UEV，不产生更新事件。影子寄存器(ARR、PSC、CCRx)保持它们的值。如果设置了 UG 位或从模式控制器发出了一个硬件复位，则计数器和预分频器被重新初始化。

● 位[0]CEN：使能计数器位。取值及含义如下：0 表示禁止计数器，1 表示使能计数器。

注：在软件设置了 CEN 位后，外部时钟、门控模式和编码器模式才能工作。触发模式可以自动地通过硬件设置 CEN 位。在单脉冲模式下，当发生更新事件时，CEN 被自动清除。

2. 计数器的工作模式

1) 向上计数模式

在向上计数模式中，计数器从 0 开始计数到自动加载值(TIMx_ARR 计数器的内容)，然后重新从 0 开始计数并且产生一个计数器溢出事件。

每次计数器溢出时可以产生更新事件，在 TIMx_EGR 事件产生寄存器中(通过软件方式或者使用从模式控制器)设置 UG 位也同样可以产生一个更新事件。事件产生寄存器(TIMx_EGR)的定义如图 5-6 所示。

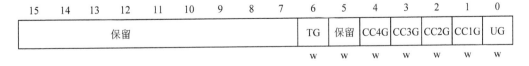

15	14	13	12	11	10	9	8	7	6	5	4	3	2	1	0
保留									TG	保留	CC4G	CC3G	CC2G	CC1G	UG
									w	w	w	w	w	w	w

图 5-6　事件产生寄存器(TIMx_EGR)

图中，位[0]UG 为产生更新事件控制位，该位由软件置"1"，由硬件自动清"0"。0 表示无动作，1 表示重新初始化计数器，并产生一个更新事件。注意预分频器的计数器也被清"0"(但是预分频系数不变)。若在中心对称模式下或 DIR = 0(向上计数)，则计数器被清"0"；若 DIR = 1(向下计数)，则计数器取 TIMx_ARR 的值。

置位 TIMx_CR1 寄存器中的 UDIS 位，可以禁止更新事件，这样可以避免在向预装载寄存器中写入新值时更新影子寄存器。在 UDIS 位被清"0"之前，将不产生更新事件。但是在应该产生更新事件时，计数器仍会被清"0"，同时预分频器的计数器也被清 0(但预分频系数不变)。此外，如果设置 TIMx_CR1 控制寄存器中的位 URS 为"0"(选择更新事件源请求)，虽然设置 UG 位将产生一个更新事件 UEV，但硬件不设置 UIF 标志(即不产生中断或 DMA 请求)，这是为了避免在捕获模式下清除计数器时，同时产生更新和捕获中断。

当发生一个更新事件时，所有的寄存器都被更新，硬件同时(依据 URS 位)设置更新标志位(TIMx_SR 状态寄存器中的 UIF 位)。

将预装载寄存器的值(即 TIMx_PSC 寄存器的内容)置入预分频器的缓存器。

自动装载影子寄存器被重新置入预装载寄存器的值(TIMx_ARR)。

状态寄存器(TIMx_SR)的定义如图 5-7 所示。

15	14	13	12	11	10	9	8	7	6	5	4	3	2	1	0
保留			CC40F	CC30F	CC20F	CC10F	保留		TIF	保留	CC41F	CC31F	CC21F	CC11F	UIF
			rc_w0	rc_w0	rc_w0	rc_w0			rc_w0		rc_w0	rc_w0	rc_w0	rc_w0	rc_w0

rc_w0：软件可以读此位，也可以通过写"0"清除此位，写"1"对此位无影响。

图 5-7　状态寄存器(TIMx_SR)

图中：

● 位[0]：UIF，更新中断标记位，当产生更新事件时该位由硬件置"1"它由软件清"0"。取值及含义如下：

0：无更新事件产生。

1：产生更新中断等待响应。当寄存器被更新时该位由硬件置"1"。

该位被置"1"的事件有：

(1) 若 TIMx_CR1 寄存器的 UDIS = 0，则当重复计数器数值上溢或下溢时(重复计数器 = 0 时产生更新事件)。

(2) 若 TIMx_CR1 寄存器的 URS = 0、UDIS = 0，则当设置 TIMx_EGR 寄存器的 UG = 1 时产生更新事件，通过软件对计数器 CNT 重新初始化时。

(3) 若 TIMx_CR1 寄存器的 URS = 0、UDIS = 0，则当计数器 CNT 被触发事件重新初始化时。

2) 向下计数模式

在向下计数模式中，计数器从自动装入的值(TIMx_ARR 计数器的值)开始向下计数到"0"，然后从自动装入的值重新开始向下计数，并且产生一个计数器向下溢出事件。每次计数器溢出时可以产生更新事件，在 TIMx_EGR 寄存器中(通过软件方式或者使用从模式控制器)设置 UG 位，也同样可以产生一个更新事件。

置位 TIMx_CR1 控制寄存器的 UDIS 位可以禁止 UEV 事件,这样可以避免向预装载寄存器中写入新值时更新影子寄存器。因此,UDIS 位被清为"0"之前不会产生更新事件。然而,计数器仍会从当前自动加载值重新开始计数,同时预分频器的计数器重新从 0 开始计数(但预分频系数不变)。

此外,如果设置了 TIMx_CR1 寄存器中的 URS 位(选择更新事件源请求),虽然设置 UG 位将产生一个更新事件 UEV,但不设置 UIF 标志,因此不产生中断和 DMA 请求,这是为了避免在发生捕获事件并清除计数器时同时产生更新和捕获中断。

当发生更新事件时:

● 所有的寄存器都被更新,并且(根据 URS 位的设置)更新标志位(TIMx_SR 状态寄存器中的 UIF 位)也被设置。

● 预分频器的缓存器被置入预装载寄存器的值(TIMx_PSC 寄存器的值)。

● 当前的自动加载寄存器被更新为预装载值(TIMx_ARR 寄存器中的内容)。

3) 中央对齐计数模式(向上/向下计数)

在中央对齐计数模式下,计数器从 0 开始计数到自动加载的值(TIMx_ARR 寄存器)-1,产生一个计数器溢出事件,然后向下计数到 1 并且产生一个计数器下溢事件;然后再从 0 开始重新计数。在这个模式下,不能写入 TIMx_CR1 中的 DIR 方向位。它由硬件更新并指示当前的计数方向。可以在每次计数上溢和每次计数下溢时产生更新事件,也可以通过(软件或者使用从模式控制器)设置 TIMx_EGR 寄存器中的 UG 位产生更新事件。然后,计数器重新从 0 开始计数,预分频器也重新从 0 开始计数。

设置 TIMx_CR1 寄存器中的 UDIS 位可以禁止 UEV 事件,这样可以避免在向预装载寄存器中写入新值时更新影子寄存器。因此,UDIS 位被清为"0"之前不会产生更新事件。然而,计数器仍会根据当前自动重加载的值继续向上或向下计数。

此外,如果设置了 TIMx_CR1 寄存器中的 URS 位(选择更新请求),设置 UG 位将产生一个更新事件 UEV,但不设置 UIF 标志(因此不产生中断和 DMA 请求),这是为了避免在发生捕获事件并清除计数器时同时产生更新和捕获中断。

当发生更新事件时,所有的寄存器都被更新,并且(根据 URS 位的设置)更新标志位(TIMx_SR 寄存器中的 UIF 位)也被设置。

预分频器的缓存器被加载为预装载(TIMx_PSC 寄存器)的值。

当前的自动加载寄存器被更新为预装载值(TIMx_ARR 寄存器中的内容)。注:如果因为计数器溢出而产生更新,自动重装载将在计数器重载入之前被更新,因此下一个周期将是预期的值(计数器被装载为新的值)。

3. 时钟源选择

通用定时器的时钟有 4 种来源可选:

(1) 内部时钟(CK_INT);

(2) 外部时钟模式 1,即外部输入脚(TIx)(x = 1, 2, 3, 4);

(3) 外部时钟模式 2,即外部触发输入(ETR);

(4) 内部触发输入(ITRx(x = 0, 1, 2, 3))。

在介绍时钟源之前,先介绍从模式控制寄存器。

从模式控制寄存器(TIMx_SMCR)的定义如图5-8所示。

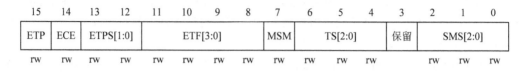

15	14	13	12	11	10	9	8	7	6	5	4	3	2	1	0
ETP	ECE	ETPS[1:0]		ETF[3:0]				MSM	TS[2:0]			保留	SMS[2:0]		
rw	rw	rw	rw	rw	rw	rw	rw	rw	rw	rw	rw		rw	rw	rw

图 5-8　从模式控制寄存器

图中：

● 位[14]：ECE，外部时钟使能位，该位启用外部时钟模式2。取值及含义如下：

0：禁止外部时钟模式2；

1：使能外部时钟模式2。计数器由ETRF信号上的任意有效边沿驱动。

注意：

(1) 设置ECE位与选择外部时钟模式1并将TRGI连到ETRF(SMS=111和TS=111)具有相同功效。

(2) 下述从模式可以与外部时钟模式2同时使用：复位模式，门控模式和触发模式；但是，这时TRGI不能连到ETRF(TS位不能是111)。

(3) 外部时钟模式1和外部时钟模式2同时被使用时，外部时钟的输入是ETRF。

● 位[2:0]：SMS[2:0]，从模式选择位。当选择了外部信号，触发信号(TRGI)的有效边沿与选中的外部输入极性相关(见输入控制寄存器和控制寄存器的说明)。取值及含义如下：

000：关闭从模式，如果CEN = 1，则预分频器直接由内部时钟驱动。

001：编码器模式1，根据TI1FP1的电平，计数器在TI2FP2的边沿向上/下计数。

010：编码器模式2，根据TI2FP2的电平，计数器在TI1FP1的边沿向上/下计数。

011：编码器模式3，根据另一个信号的输入电平，计数器在TI1FP1和TI2FP2的边沿向上/下计数。

100：复位模式，选中的触发输入(TRGI)的上升沿重新初始化计数器，并且产生一个更新寄存器的信号。

101：门控模式，当触发输入(TRGI)为高时，计数器的时钟开启。一旦触发输入变为低，则计数器停止(但不复位)。计数器的启动和停止都是受控的。

110：触发模式，计数器在触发输入TRGI的上升沿启动(但不复位)，只有计数器的启动是受控的。

111：外部时钟模式1，选中的触发输入(TRGI)的上升沿驱动计数器。

注意：如果TI1F_EN被选为触发输入(TS=100)时，不要使用门控模式。这是因为，TI1F_ED在每次TI1F变化时输出一个脉冲，然而门控模式是要检查触发输入的电平。

下面介绍4种时钟源的选择。

1) 内部时钟源(CK_INT)

如果禁止了从模式控制器(即 TIMx_SMCR 寄存器的 SMS = 000)，则 CEN、DIR(TIMx_CR1寄存器)和UG位(TIMx_EGR寄存器)是事实上的控制位，并且只能被软件修改(UG位仍被自动清除)。只要CEN位被写成"1"，预分频器的时钟就由内部时钟CK_INT直接提供。

2) 外部时钟源模式 1

当 TIMx_SMCR 寄存器的 SMS=111 时，此模式被选中。计数器可以在选定输入端 (TIx(x = 1, 2, 3, 4))的每个上升沿或下降沿计数。

3) 外部时钟源模式 2

选定此模式的方法为：令 TIMx_SMCR 寄存器中的 ECE = 1，计数器便能够在外部触发 ETR 的每一个上升沿或下降沿计数。

4) 内部触发输入(ITRx(x = 0, 1, 2, 3))

即使用一个定时器作为另一个定时器的预分频器。如可以配置一个定时器 Timer1 作为另一个定时器 Timer2 的预分频器。

通用定时器时钟来源这么多，具体选择哪个可以通过 TIMx_SMCR 寄存器的相关位来设置，这里的 CK_INT 时钟是从 APB1 分频得来的，除非 APB1 的时钟分频数设置为 1(一般都不会是 1)，否则通用定时器 TIMx 的时钟是 APB1 时钟的 2 倍，当 APB1 的时钟不分频的时候，通用定时器 TIMx 的时钟就等于 APB1 的时钟。这里还要注意的就是高级定时器的时钟不是来自 APB1，而是来自 APB2。

通常都是将内部时钟(CK_INT)作为通用定时器的时钟来源，而且通用定时器的时钟是 APB1 时钟的 2 倍，即 APB1 的时钟分频数不为 1。所以，通用定时器的时钟频率是 72 MHz。

4. 控制器

通用定时器的控制器部分包括触发控制器、从模式控制器以及编码器接口。触发控制器用来针对片内外设输出触发信号，比如为其他定时器提供时钟，触发 DAC/ADC 转换。从模式控制器可以控制计数器复位、启动、向上/向下、计数。编码器接口专门针对编码器计数而设计。

5. 输入捕获模式

输入捕获模式可以对输入信号的上升沿、下降沿或者双边沿进行捕获，通常用于测量输入信号的脉宽、PWM 输入信号的频率及占空比。在输入捕获模式下，当相应的 ICx 信号被检测到跳变沿后，将使用捕获/比较寄存器(TIMx_CCRx)来锁存计数器的值，通过计算完成对脉宽的测量。其中，捕获/比较寄存器(TIMx_CCRx)的定义如图 5-9 所示。

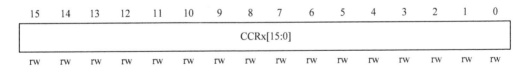

图 5-9　捕获/比较寄存器(TIMx_CCRx)

图中，位[15:0]，即 CCRx[15:0]为捕获/比较通道 x 的计数值。

● 若 CC1 通道配置为输出，则 CCR1 包含了装入当前捕获/比较 1 寄存器的值(预装载值)。

如果在 TIMx_CCMR1 寄存器(OC1PE 位)中未选择预装载功能，写入的数值会立即传输至当前寄存器中。否则，只有当更新事件发生时，此预装载值才传输至当前捕获/比较 1 寄存器中。

当前捕获/比较寄存器参与同计数器 TIMx_CNT 的比较，并在 OC1 端口上产生输出信号。

● 若 CC1 通道配置为输入，则 CCR1 包含了由上一次输入捕获 1 事件(IC1)传输的计数器值。

发生捕获事件时，会将相应的 CCxIF 标志(TIMx_SR 寄存器)置 1，并可发送中断或 DMA 请求(如果已使能)。如果发生捕获事件时 CCxIF 标志已处于高位，则会将重复捕获标志 CCxOF(TIMx_SR 寄存器)置 1。可通过软件向 CCxIF 写入 0 来给 CCxIF 清零，或读取存储在 TIMx_CCRx 寄存器中的已捕获数据。向 CCxOF 写入 0 后会将其清零。

输入捕获单元由输入通道、输入滤波器和边沿检测器、输入捕获通道、预分频器、捕获/比较寄存器等组成。

从图 5-1 通用定时器内部结构框图可以看到，通用定时器的输入通道有 4 个 TIMx_CH1/2/3/4，通常也把这个 4 个通道称为 TI1/2/3/4，如果后面出现此类称呼就表明是通用定时器的 4 个输入通道。这些通道都对应到 STM32F1 引脚上，可以把被检测信号输入到这 4 个通道中进行捕获。边沿检测器是用来设置信号在捕获时哪种边沿有效，可以为上升沿、下降沿、双边沿，具体是由 TIMx_CCER 寄存器的相应位的设置决定。捕获/比较使能寄存器(TIMx_CCER)的定义如图 5-10 所示。

图 5-10　捕获/比较使能寄存器 TIMx_CCER

图中：

● 位[1]：CC1P，输入/捕获 1 输出极性。

当 CC1 通道配置为输出时，位[1]的取值及含义如下：

0：OC1 高电平有效；

1：OC1 低电平有效。

当 CC1 通道配置为输入时，该位选择是将 IC1 不反相信号或者 IC1 反相信号作为触发或捕获信号。取值及含义如下：

0：不反相，捕获发生在 IC1 的上升沿；当用作外部触发器时，IC1 不反相。

1：反相，捕获发生在 IC1 的下降沿；当用作外部触发器时，IC1 反相。

注意：一旦 LOCK 级别(TIMx_BDTR 寄存器中的 LOCK 位)设为 3 或 2，该位就不能被修改。

● 位[0]：CC1E，输入/捕获 1 输出使能。

当 CC1 通道配置为输出时，该位的取值及含义如下：

0：关闭，OC1 禁止输出，因此 OC1 的输出电平依赖于 MOE、OSSI、OSSR、OIS1、OIS1N 和 CC1NE 位的值。

1：开启，OC1 信号输出到对应的输出引脚，其输出电平依赖于 MOE、OSSI、OSSR、OIS1、OIS1N 和 CC1NE 位的值。

当 CC1 通道配置为输入时，该位决定了计数器的值是否能捕获入 TIMx_CCR1 寄存器。取值及含义如下：

0：捕获禁止；

1：捕获使能。

● 位[5:4]、位[9:8]、位[13:12]的定义和位[1:0]类似。

输入捕获通道就是框图中的 IC1/2/3/4，每个捕获通道都有对应的捕获寄存器 TIMx_CCR1/2/3/4。如果发生捕获的时候，CNT 计数器的值就会被锁存到捕获寄存器中。这里要搞清楚输入通道和捕获通道的区别，输入通道是用来输入信号的，捕获通道是用来捕获输入信号的，一个输入通道的信号可以同时输入给两个捕获通道。比如，输入通道 TI1 的信号经过滤波边沿检测器之后的 TI1FP1 和 TI1FP2 可以进入到捕获通道 IC1 和 IC2，在前面的框图中也可以看到信号箭头的流向。

ICx 的输出信号会经过一个预分频器，用于决定产生多少个事件时进行一次捕获，具体由寄存器 TIMx_CCMRx 的位 ICxPSC 配置。捕获/比较模式寄存器 1(TIMx_CCMR1)的定义如图 5-11 所示。

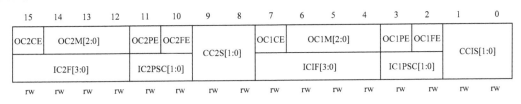

图 5-11 捕获/比较模式寄存器 1(TIMx_CCMR1)

图中，位[3:2]，即 IC1PSC[1:0]，为输入/捕获 1 预分频器，这两位定义了 CC1 输入(IC1) 的预分频系数。取值及含义如下：

00：无预分频器，捕获输入口上检测到的每一个边沿都触发一次捕获；

01：每 2 个事件触发一次捕获；

10：每 4 个事件触发一次捕获；

11：每 8 个事件触发一次捕获。

如果希望捕获信号的每一个边沿，则把预分频器系数设置为 1。经过预分频器的信号 ICxPS 是最终被捕获的信号，当发生第一次捕获时，计数器 CNT 的值会被锁存到捕获/比较寄存器 CCR 中(此时使用捕获寄存器功能)，还会产生 CCxI 中断，相应的中断位 CCxIF(在 SR 寄存器中)会被置位，或者通过软件读取 CCR 中的值可以将 CCxIF 清 0。如果发生第二次捕获(即重复捕获：CCR 寄存器中已捕获到计数器值且 CCxIF 标志已置 1)，则捕获溢出标志位 CCxOF(在 SR 寄存器中)会被置位，CCxOF 只能通过软件清零。

6. 输出比较模式

此项功能是用来控制一个输出波形，或者指示一段给定的时间已经到。当计数器与捕获/比较寄存器的内容相同时，输出比较功能做如下操作：

(1) 将输出比较模式(TIMx_CCMRx 寄存器中的 OCxM 位)和输出极性(TIMx_CCER 寄存器中的 CCxP 位)定义的值输出到对应的引脚上。在比较匹配时，输出引脚可以保持它的电平(OCxM = 000)、被设置成有效电平(OCxM = 001)、被设置成无效电平(OCxM = 010)或进行翻转(OCxM = 011)。

(2) 设置中断状态寄存器中的标志位(TIMx_SR 寄存器中的 CCxIF 位)。

(3) 若设置了相应的中断屏蔽(TIMx_DIER 寄存器中的 CCxIE 位)，则产生一个中断。

(4) 若设置了相应的使能位(TIMx_DIER 寄存器中的 CCxDE 位，TIMx_CR2 寄存器中的 CCDS 位选择 DMA 请求功能)，则产生一个 DMA 请求。TIMx_CCMRx 中的 OCxPE 位选择 TIMx_CCRx 寄存器是否需要使用预装载寄存器。

DMA/中断使能寄存器(TIMx_DIER)的定义如图 5-12 所示。

15	14	13	12	11	10	9	8	7	6	5	4	3	2	1	0
保留	TDE	保留	CC4DE	CC3DE	CC2DE	CC1DE	UDE	保留	TIE	保留	CC4IE	CC3IE	CC2IE	CC1IE	UIE
	rw		rw	rw	rw	rw	rw		rw		rw	rw	rw	rw	rw

图 5-12　DMA/中断使能寄存器(TIMx_DIER)

图中：

● 位[4:1]：CCxIE，允许捕获/比较 x 中断。取值及含义如下：

0：禁止捕获/比较 1 中断；

1：允许捕获/比较 1 中断。

● 位[12:9]：CCxDE，允许捕获/比较 x 的 DMA 请求。取值及含义如下：

0：禁止捕获/比较 1 的 DMA 请求；

1：允许捕获/比较 1 的 DMA 请求。

在输出比较模式下，更新事件 UEV 对 OCxREF 和 OCx 输出没有影响。

同步的精度可以达到计数器的一个计数周期。输出比较模式(在单脉冲模式下)也能用来输出一个单脉冲。

从图 5-1 通用定时器内部结构框图可以看到，输出比较单元与输入捕获单元共用了捕获/比较寄存器，只不过在输出比较的时候使用的是比较寄存器功能。当计数器 CNT 的值与比较寄存器 CCR 的值相等的时候，输出参考信号 OCxREF 的极性就会改变，并且会产生比较中断 CCxI，相应的标志位 CCxIF(SR 寄存器中)会置位，然后 OCxREF 再经过一系列的控制之后就成为真正的输出信号 OC1、OC2、OC3、OC4，最终输出到对应的管脚 TIMx_CH1、CH2、CH3、CH4。

5.1.3　通用定时器配置步骤

接下来介绍如何使用库函数对通用定时器进行配置。定时器相关库函数在 stm32f10x_tim.c 和 stm32f10x_tim.h 文件中。具体步骤如下：

(1) 使能定时器时钟。本章定时器实验使用的是通用定时器 TIM2，知道 TIM2 是挂接在 APB1 总线上的，所以可以使用 APB1 总线时钟使能函数来使能 TIM2，调用的库函数如下：

    RCC_APB1PeriphClockCmd(RCC_APB1Periph_TIM2, ENABLE);　　//使能 TIM2 时钟

(2) 初始化定时器参数，包含自动重装值、分频系数、计数方式等。

要使用定时器功能，必须对定时器内的相关参数进行初始化，库函数 TIM_TimeBaseInit 如表 5-1 所示。

表 5-1　库函数 TIM_TimeBaseInit

函数名	TIM_TimeBaseInit
函数原型	void TIM_TimeBaseInit(TIM_TypeDef* TIMx,TIM_TimeBaseInitTypeDef*TIM_TimeBaseInitStruct)
功能描述	根据 TIM_TimeBaseInitStruct 中指定的参数初始化 TIMx 的时间基数单位
输入参数 1	TIMx：x 可以是 2、3 或者 4，用于选择 TIM 外设
输入参数 2	TIMTimeBase_InitStruct：指向结构体 TIM_TimeBaseInitTypeDef 的指针，包含了 TIMx 时间基数单位的配置信息

函数中第一个参数是用来确定定时器的，例如 TIM2；第二个参数是一个结构体指针变量，结构体类型是 TIM_TimeBaseInitTypeDef，定义于文件"stm32f10x_tim.h"，其内包含了定时器初始化的成员变量。结构体如下：

```
typedef struct
{
    u16 TIM_Period;
    u16 TIM_Prescaler;
    u8 TIM_ClockDivision;
    u16 TIM_CounterMode;
}TIM_TimeBaseInitTypeDef;
```

TIM_TimeBaseInitTypeDef 结构体内含有 4 个成员变量，每个成员变量的功能如下：

● TIM_Period：设置定时器自动重载计数周期值，在事件产生时更新到影子寄存器，可设置范围为 0～65 535。

● TIM_Prescaler：定时器的预分频器系数，时钟源经过该预分频器后输出的才是定时器时钟，设置值范围为 0～65 535，分频系数由于是除数，分母不能为 0，所以会自动加 1，最后实现 1～65 536 分频。

● TIM_ClockDivision：时钟分频因子，设置定时器时钟 CK_INT 频率与数字滤波器采样时钟频率分频比。

● TIM_CounterMode：定时器计数方式，前面讲解过，可以设置为向上、向下、中心对齐计数模式，比较常用的是向上计数模式(TIM_CounterMode_Up)和向下计数模式(TIM_CounterMode_Down)。

(3) 设置定时器中断类型并使能。对定时器中断类型和使能设置的库函数为 TIM_ITConfig，如表 5-2 所示。

表 5-2　库函数为 TIM_ITConfig

函数名	TIM_ITConfig
函数原型	void TIM_ITConfig(TIM_TypeDef* TIMx, u16 TIM_IT, FunctionalState NewState)
功能描述	使能或者失能指定的 TIM 中断
输入参数 1	TIMx：x 可以是 2、3 或者 4，用于选择 TIM 外设
输入参数 2	TIM_IT：待使能或者失能的 TIM 中断源
输入参数 3	NewState：TIMx 中断的新状态，这个参数可以取 ENABLE 或者 DISABLE

第一个参数 TIMx 用来选择定时器，第二个参数用来设置定时器中断类型。定时器的中断类型非常多，包括更新中断 TIM_IT_Update、触发中断 TIM_IT_Trigger、输入捕获中断等。表 5-3 所示为 TIM_IT 的取值及含义。

表 5-3　TIM_IT 值

TIM_IT 取值	含　　义
TIM_IT_Update	TIM 中断源
TIM_IT_CC1	TIM 捕获/比较 1 中断源
TIM_IT_CC2	TIM 捕获/比较 2 中断源
TIM_IT_CC3	TIM 捕获/比较 3 中断源
TIM_IT_CC4	TIM 捕获/比较 4 中断源
TIM_IT_Trigger	TIM 触发中断源

第三个参数用来使能或者失能定时器中断类型，可以为 ENABLE 和 DISABLE。

例如，要使能定时器 TIM2 更新中断，调用函数如下：

　　　TIM_ITConfig(TIM2,TIM_IT_Update,ENABLE);　　　　　　　//开启定时器中断

(4) 设置定时器中断优先级，使能定时器中断通道。在上一步已经使能了定时器的更新中断，只要使用到中断，就必须对 NVIC 初始化，NVIC 初始化库函数是 NVIC_Init()，这个在前面讲解 STM32 中断时就已经介绍过，这里不再赘述。

(5) 开启定时器。前面几个步骤已经将定时器配置好，但还不能正常使用，只有开启定时器了才能让它正常工作。开启定时器的库函数 TIM_Cmd 如表 5-4 所示。

表 5-4　库函数 TIM_Cmd

函数名	TIM_Cmd
函数原型	void TIM_Cmd(TIM_TypeDef* TIMx, FunctionalState NewState)
功能描述	使能或者失能 TIMx 外设
输入参数 1	TIMx：x 可以是 2、3 或者 4，用于选择 TIM 外设
输入参数 2	NewState：外设 TIMx 的新状态，这个参数可以取 ENABLE 或者 DISABLE

第一个参数用来选择定时器。

第二个参数用来使能或者失能定时器，也就是开启或者关闭定时器功能，同样可以选择 ENABLE 或者 DISABLE。

例如，要开启 TIM2，调用函数如下：

　　　TIM_Cmd(TIM2,ENABLE);　　　　//开启定时器

(6) 编写定时器中断服务函数。最后还需要编写一个定时器中断服务函数，通过中断函数处理定时器产生的相关中断。定时器中断服务函数名在 STM32F1 启动文件内就有，TIM2 中断函数名为 TIM2_IRQHandler。

因为定时器的中断类型有很多，所以进入中断后，需要在中断服务函数开头处通过状态寄存器的值判断此次中断是哪种类型，然后做出相应的控制。库函数中用来读取定时器中断状态标志位的是 TIM_GetITStatus 函数，如表 5-5 所示。

表 5-5 库函数 TIM_GetITStatus

函数名	TIM_GetITStatus
函数原型	ITStatus TIM_GetITStatus(TIM_TypeDef* TIMx, u16 TIM_IT)
功能描述	检查指定的 TIM 中断发生与否
输入参数 1	TIMx：x 可以是 2、3 或者 4，用于选择 TIM 外设
输入参数 2	TIM_IT：待检查的 TIM 中断源
输出参数	无
返回值	TIM_IT 的新状态

此函数的功能是判断 TIMx 的中断类型 TIM_IT 是否产生。例如，要判断 TIM2 的更新(溢出)中断是否产生，可以调用此函数：

```
if(TIM_GetITStatus(TIM2,TIM_IT_Update))
{
    //执行 TIM2 更新中断内控制
}
```

如果产生更新中断，那么调用 TIM_GetITStatus 函数后返回值为 1，然后会进入到 if 函数内执行中断控制功能程序，否则就不会进入中断处理程序。在编写定时器中断服务函数时，最后都会调用一个清除中断标志位的函数 TIM_ClearITPendingBit，如表 5-6 所示。

表 5-6 函数 TIM_ClearITPendingBit

函数名	TIM_ClearITPendingBit
函数原型	void TIM_ClearITPendingBit(TIM_TypeDef* TIMx, u16 TIM_IT)
功能描述	清除 TIMx 的中断待处理位
输入参数 1	TIMx：x 可以是 2、3 或者 4，用于选择 TIM 外设
输入参数 2	TIM_IT：待检查的 TIM 中断待处理位

此函数的两个参数的功能和前面读取定时器中断状态标识位函数的一样。例如，要清除 TIM2 的更新中断标志位，调用函数如下：

```
TIM_ClearITPendingBit(TIM2,TIM_IT_Update);
```

将以上几步全部配置好后，就可以正常使用定时器中断了。

5.1.4 定时器中断

本节所要实现的功能是：通过 TIM2 的更新中断控制 LED1 指示灯间隔 500 ms 对状态取反，主函数控制 LED0 指示灯不断闪烁。程序框架如下：

(1) 初始化 TIM2，并使能更新中断等；

(2) 编写 TIM2 中断函数；

(3) 编写主函数。

在前面介绍定时器配置步骤时，就已经讲解过如何初始化定时器了。下面创建"定时器中断实验"工程：在 APP 工程组中添加 time.c 文件，在 StdPeriph_Driver 工程组中添加

stm32f10x_tim.c 库文件。定时器操作的库函数都放在 stm32f10x_tim.c 和 stm32f10x_tim.h 文件中，所以使用到定时器就必须加入 stm32f10x_tim.c 文件，同时还要包含对应的头文件路径。

1. 编写 TIM2 的初始化函数

要使用定时器中断，必须先对它进行配置，TIM2 初始化代码如下：

```c
void TIM2_Init(u16 per,u16 psc)
{
    TIM_TimeBaseInitTypeDef TIM_TimeBaseInitStructure;
    NVIC_InitTypeDef NVIC_InitStructure;
    RCC_APB1PeriphClockCmd(RCC_APB1Periph_TIM2,ENABLE);              //使能 TIM2 时钟
    TIM_TimeBaseInitStructure.TIM_Period = per;                     //自动装载值
    TIM_TimeBaseInitStructure.TIM_Prescaler = psc;                  //分频系数
    TIM_TimeBaseInitStructure.TIM_ClockDivision = TIM_CKD_DIV1;
    TIM_TimeBaseInitStructure.TIM_CounterMode = TIM_CounterMode_Up; //设置向上计数模式
    TIM_TimeBaseInit(TIM2,&TIM_TimeBaseInitStructure);
    TIM_ITConfig(TIM2,TIM_IT_Update,ENABLE);                        //开启定时器中断
    TIM_ClearITPendingBit(TIM2,TIM_IT_Update);
    NVIC_InitStructure.NVIC_IRQChannel = TIM2_IRQn;                 //定时器中断通道
    NVIC_InitStructure.NVIC_IRQChannelPreemptionPriority = 2;       //抢占优先级
    NVIC_InitStructure.NVIC_IRQChannelSubPriority = 3;              //子优先级
    NVIC_InitStructure.NVIC_IRQChannelCmd = ENABLE;                 //IRQ 通道使能
    NVIC_Init(&NVIC_InitStructure);
    TIM_Cmd(TIM4,ENABLE);                                           //使能定时器
}
```

在 TIM2_Init() 函数中，首先使能 TIM2 时钟，其次配置定时器结构体 TIM_TimeBaseInitStructure，然后使能 TIM2 的更新中断。为了防止定时器中断状态标志位默认值的影响，需清除 TIM2 的更新中断标志，然后配置相应的 NVIC 并使能对应中断通道，将 TIM2 的抢占优先级设置为 2，响应优先级设置为 3。最后就是开启 TIM2。

TIM2_Init()函数有两个参数，用来设置定时器的自动装载值和分频系数，以方便修改定时时间。

2. 编写 TIM2 的中断函数

初始化 TIM2 后，中断就已经开启了，当 TIM2 内计数器 CNT 发生更新(溢出)事件，就会产生一次中断。中断函数的具体代码如下：

```c
void TIM2_IRQHandler(void)
{
    if(TIM_GetITStatus(TIM2,TIM_IT_Update))
    {
        led1 =! led1;
    }
}
```

```
        TIM_ClearITPendingBit(TIM2,TIM_IT_Update);
    }
```

为了确认定时器是否发生更新中断，调用了读取定时器中断状态标志位函数 TIM_GetITStatus(TIM2,TIM_IT_Update)，如果确实产生更新中断，那么就会执行 if 内的语句，从而控制 LED1 指示灯状态取反。最后要记得清除定时器中断状态标志位。

3. 编写主函数

编写好定时器初始化和中断服务函数后，接下来就可以编写主函数了，代码如下：

```
#include "system.h"
#include "SysTick.h"
#include "led.h"
#include "time.h"
int main()
{
    u8 i;
    SysTick_Init(72);
    NVIC_PriorityGroupConfig(NVIC_PriorityGroup_2);   //中断优先级分组，分 2 组
    LED_Init();
    TIM2_Init(1000,36000 - 1);   //定时 500 ms
    while(1)
    {
        i++;
        if(i%20 == 0)
        {
            led0 =! led0;
        }
        delay_ms(10);
    }
}
```

主函数实现的功能很简单，首先初始化对应的硬件端口时钟和 I/O 口，然后调用前面编写的 TIM2 的初始化函数，这里设定定时器自动重装载值为 500，预分频系数为 36000 - 1，这里减 1 是因为定时器预分频器内部会自动加 1，所以如果要进行 36000 分频的话，就传递 35999。最后进入 while 循环语句，不断让 LED0 指示灯间隔 200 ms 闪烁。

初始化后，定时器开始工作，计数器 CNT 从 0 开始计数，每来一个定时器时钟，计数器值就会累加一次，当计数到 500 也就是累积计数 500 次时，定时器就发生溢出并产生更新中断，每产生一次更新中断时间是 250 ms。有的同学就会问，这个定时 250 ms 是怎么计算的？很简单，知道 TIM2 是挂接在 APB1 总线上的，而 APB1 的时钟是 36 MHz，前面介绍定时器时就说过，如果 APB1 时钟分频系数为 1，TIM2-7 的时钟即为 APB1 总线的时钟，否则就是 APB1 总线时钟的 2 倍，即 72 MHz。再根据刚才设计的自动重装载值和

预分频系数就可以计算出定时时间，计算公式如下：

$$Tout = \frac{per \times (psc+1)}{Tclk} \tag{5-1}$$

式中，Tclk 是定时器的时钟频率值，为 72 MHz；per 和 psc 是传递的参数值；Tout 是定时器产生中断的时间，单位是 μs。将数据代入即可得到产生定时更新中断的时间是 250 ms。

5.2　任务9　用定时器实现 PWM 控制

▶任务目标

上一节介绍了 STM32F1 的通用定时器，这一节来学习如何使用通用定时器产生 PWM 输出。本节要实现的功能是：通过 TIM3 的通道 3 输出一个 PWM 信号，去控制 LED0 指示灯的亮度。

5.2.1　PWM 简介

脉冲宽度调制 PWM(Pulse Width Modulation)是利用微处理器的数字输出来对模拟电路进行控制的一种技术手段，就是调节一个周期中高电平所占的百分比，也就是调节占空比。比如，可以通过调节占空比来控制直流电机的通电时间，以达到调速的目的；或通过调节占空比控制加热时间，进行温度控制等。

PWM 技术是一种周期固定而高低电平的宽度可调的方波信号。当输出脉冲的频率一定时，输出脉冲的占空比越大，其高电平持续的时间就越长。PWM 信号的示意图如图 5-13 所示。

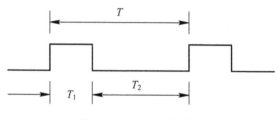

图 5-13　PWM 示意图

只要改变 T_1 和 T_2 的值，也就改变了波形的占空比，则高低电平持续的时间就改变了，达到 PWM 脉宽调制的目的。

脉宽调制(PWM)基本原理：以控制逆变电路的应用为例，控制方式就是对逆变电路开关器件的通断进行控制，使输出端得到一系列幅值相等的脉冲，用这些脉冲来代替正弦波或所需要的波形。也就是在输出波形的半个周期中产生多个脉冲，使各脉冲的等值电压为正弦波形，所获得的输出平滑且低次谐波少。按一定的规则对各脉冲的宽度进行调制，即可改变逆变电路输出电压的大小，也可改变输出频率。

例如，把正弦半波波形分成 N 等份，就可把正弦半波看成由 N 个彼此相连的脉冲组成的波形。这些脉冲宽度相等，但幅值不等，且脉冲顶部不是水平直线，而是曲线，各脉冲的幅值按正弦规律变化。如果把上述脉冲序列用同样数量的等幅而不等宽的矩形脉冲序列代替，使矩形脉冲的中点和相应正弦等分的中点重合，且使矩形脉冲和相应正弦部分面积(即冲量)相等，就得到一组脉冲序列，这就是 PWM 波形。可以看出，各脉冲宽度是按正弦规律变化的。根据冲量相等效果相同的原理，PWM 波形和正弦半波是等效的。对于正弦的负半周，也可以用同样的方法得到 PWM 波形。

在 PWM 波形中，各脉冲的幅值是相等的，要改变等效输出正弦波的幅值时，只要按同一比例系数改变各脉冲的宽度即可，因此在交-直-交变频器中，PWM 逆变电路输出的脉冲电压就是直流侧电压的幅值。

根据上述原理，在给出了正弦波频率、幅值和半个周期内的脉冲数后，PWM 波形各脉冲的宽度和间隔就可以准确计算出来。按照计算结果控制电路中各开关器件的通断，就可以得到所需要的 PWM 波形，如图 5-14 所示。

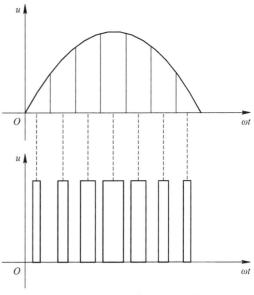

从图 5-14 中可以看到，上面的波形图是一个正弦波即模拟信号，下面的波形图是一个数字脉冲波形即数字信号。我们知道，计算机系统只能识别是"1"还是"0"，对于 STM32F1 芯片，要么输出高电平(3.3 V)，要么输出低电平(0)，假如要输出 1.5 V 的电压，就必须通过相应的处理。比如，本章所要讲解的 PWM 输出，其实从上图也可以看到，只要保证数字信号的脉宽足够，就可以使用 PWM 进行编码，从而输出 1.5 V 的电压。

图 5-14　PWM 对应模拟信号的等效图

5.2.2　STM32F1 PWM 介绍

STM32F1 除了基本定时器 TIM6 和 TIM7，其他定时器都可以产生 PWM 输出。其中，通用定时器能同时产生多达 4 路的 PWM 输出，这些在定时器中断章节中已经介绍过。PWM 输出其实就是对外输出脉宽可调(即占空比调节)的方波信号。脉冲宽度调制模式可以产生一个由 TIMx_ARR 寄存器确定频率、由 TIMx_CCRx 寄存器确定占空比的信号。

PWM 输出频率是不变的，改变的是 CCRx 寄存器内的值，此值的改变将导致 PWM 输出信号占空比的改变。

在 TIMx_CCMRx 寄存器中的 OCxM 位写入"110"(PWM 模式 1)或"111"(PWM 模式 2)，能够独立地设置每个 OCx 输出通道产生一路 PWM。必须设置 TIMx_CCMRx 寄存器的 OCxPE 位，以使能相应地预装载寄存器，最后还要设置 TIMx_CR1 寄存器的 ARPE 位，以(在向上计数或中心对称模式中)使能自动重装载的预装载寄存器。

仅当发生一个更新事件的时候，预装载寄存器才能被传送到影子寄存器，因此在计数器开始计数之前，必须通过设置 TIMx_EGR 寄存器中的 UG 位来初始化所有的寄存器。

OCx 的极性可以通过软件在 TIMx_CCER 寄存器中的 CCxP 位设置，它可以设置为高电平有效或低电平有效。TIMx_CCER 寄存器中的 CCxE 位控制 OCx 输出使能。详见

TIMx_CCERx 寄存器的描述。

在 PWM 模式(模式 1 或模式 2)下，TIMx_CNT 和 TIMx_CCRx 始终在进行比较，(依据计数器的计数方向)以确定是否符合 TIMx_CCRx≤TIMx_CNT 或者 TIMx_CNT≤TIMx_CCRx。然而为了与 OCREF_CLR 的功能(在下一个 PWM 周期之前，ETR 信号上的一个外部事件能够清除 OCxREF)一致，OCxREF 信号只能在下述条件下产生：

(1) 当比较的结果改变；

(2) 当输出比较模式(TIMx_CCMRx 寄存器中的 OCxM 位)从"冻结"(无比较，OCxM = "000")切换到某个 PWM 模式(OCxM = "110"或"111")。

这样在运行中可以通过软件强制 PWM 输出。

根据 TIMx_CR1 寄存器中 CMS 位的状态，定时器能够产生边沿对齐的 PWM 信号或中央对齐的 PWM 信号。

1) PWM 边沿对齐模式

当 TIMx_CR1 寄存器中的 DIR 位为低时，执行递增计数，计数器 CNT 从 0 计数到自动重载值(TIMx_ARR 寄存器的内容)，然后重新从 0 开始计数并生成计数器上溢事件。以 PWM 模式 1 为例，只要 TIMx_CNT<TIMx_CCRx，PWM 参考信号 OCxREF 便为有效的高电平，否则为无效的低电平。即，如果 TIMx_CCRx 中的比较值大于自动重载值(TIMx_ARR 中)，则 OCxREF 保持为"1"；如果比较值为 0，则 OCxREF 保持为"0"，如图 5-15 所示。

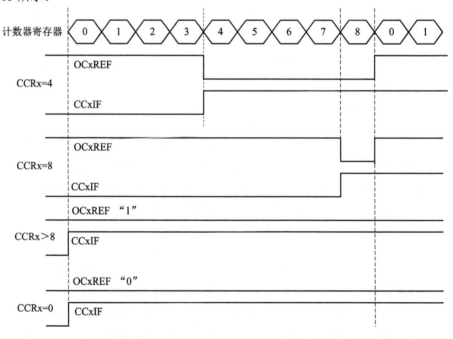

图 5-15　边沿对齐的 PWM 波形(ARR=8)

当 TIMx_CR1 寄存器中的 DIR 位为高时，执行递减计数，计数器 CNT 从自动重载值(TIMx_ARR 寄存器的内容)递减计数到 0，然后重新从 TIMx_ARR 值开始计数并生成计数器下溢事件。以 PWM 模式 1 为例，只要 TIMx_CNT>TIMx_CCRx，PWM 参考信号 OCxREF

便为无效的低电平，否则为有效的高电平。即，如果 TIMx_CCRx 中的比较值大于自动重载值(TIMx_ARR 中)，则 OCxREF 保持为"1"，此模式下不能产生 0% 的 PWM 波形。

2) PWM 中心对齐模式

当 TIMx_CR1 寄存器中的 CMS 位不为"00"时，为中央对齐模式(所有其他的配置对 OCxREF/OCx 信号都有相同的作用)。根据不同的 CMS 位设置，比较标志可以在计数器向上计数时被置"1"、在计数器向下计数时被置"1"或在计数器向上和向下计数时被置"1"。TIMx_CR1 寄存器中的计数方向位(DIR)由硬件更新，不要用软件修改它。

图 5-16 给出了中央对齐的 PWM 波形的例子(TIMx_ARR = 8，PWM 模式 1)。

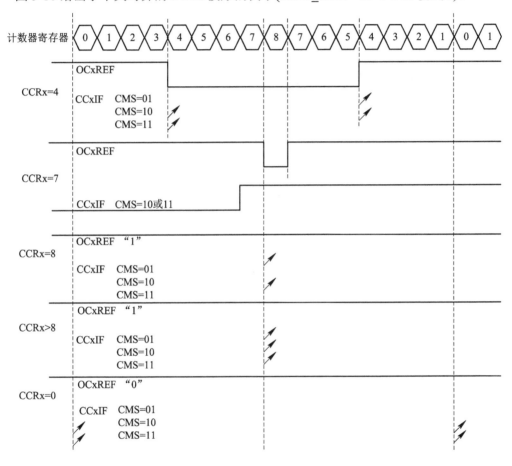

图 5-16　中央对齐的 PWM 波形(ARR = 8)

TIMx_CR1 寄存器中的 CMS=01，在中央对齐模式 1 时，当计数器向下计数时设置比较标志。

以 ARR=8，CCRx=4 为例进行介绍。第一阶段计数器 CNT 工作在递增计数方式，从 0 开始计数，当 TIMx_CNT<TIMx_CCRx 时，PWM 参考信号 OCxREF 为有效的高电平；当 TIMx_CNT≥TIMx_CCRx 时，PWM 参考信号 OCxREF 为无效的低电平。第二阶段计数器 CNT 工作在递减计数方式，从 ARR 开始递减计数，当 TIMx_CNT>TIMx_CCRx 时，PWM 参考信号 OCxREF 为无效的低电平；当 TIMx_CNT≤TIMx_CCRx 时，PWM 参考信号 OCxREF 为有效的高电平。

中心对齐模式又分为中心对齐模式 1、2、3 三种，具体由寄存器 CR1 位 CMS[1:0]配置。具体的区别就是比较中断标志位 CCxIF 在何时置 1：中心模式 1 在 CNT 递减计数的时候置 1，中心对齐模式 2 在 CNT 递增计数时置 1，中心模式 3 在 CNT 递增和递减计数时都置 1。

5.2.3　通用定时器 PWM 输出配置步骤

接下来介绍如何使用库函数对通用定时器的 PWM 输出进行配置，这也是在编写程序中必须要了解的。其实，PWM 输出也是通用定时器的一个功能，因此还是要用到定时器的相关配置函数。定时器相关库函数在 stm32f10x_tim.c 和 stm32f10x_tim.h 文件中。PWM 输出的配置步骤如下：

(1) 使能定时器及端口时钟并设置引脚复用重映射。由于 PWM 输出通道是对应着 STM32F1 芯片的 I/O 口，所以需要使能对应的端口时钟，并将对应的 I/O 口配置为复用输出功能。例如，本章 PWM 呼吸灯实验使用的是 TIM3 的 CH3 通道输出 PWM 信号，因此需要使能 TIM3 时钟。

之所以选择 TIM3 的 CH3 通道，是因为该通道对应的管脚是 PB0，开发板上的 LED0 灯就接在 PB0 管脚上。TIM3 复用功能重映射如表 5-7 所示。

表 5-7　TIM3 复用功能重映射

复用功能	TIM3_REMAP[1:0]=00 （没有重映射）	TIM3_REMAP[1:0]=10 （部分重映射）	TIM3_REMAP[1:0]=11 （完全重映射）[1]
TIM3_CH1	PA6	PB4	PC6
TIM3_CH2	PA7	PB5	PC7
TIM3_CH3	PB0		PC8
TIM3_CH4	PB1		PC9

(1)：重映射只适用于 66、100 和 144 脚的封装。

这里举一个重映射的例子。通过将 TIM3_CH3 配置为完全重映射即可映射到 PC8 脚，这样 PC8 就可以输出 PWM 了。那么，就需要调用管脚复用映射功能函数 GPIO_PinRemapConfig，该函数定义如表 5-8 所示。

表 5-8　管脚复用映射功能函数

函数名	GPIO_PinRemapConfig
函数原型	void GPIO_PinRemapConfig(u32 GPIO_Remap, FunctionalState NewState)
功能描述	改变指定管脚的映射
输入参数 1	GPIO_Remap：选择重映射的管脚
输入参数 2	NewState：管脚重映射的新状态，这个参数可以取 ENABLE 或者 DISABLE

第一个参数 GPIO_Remap 用以选择用作事件输出的 GPIO 端口。表 5-9 给出了该参数可取的值。

表 5-9　GPIO_Remap 的取值及含义

GPIO_Remap 取值	含　义
GPIO_Remap_SPI1	SPI1 复用功能映射
GPIO_Remap_I2C1	I²C1 复用功能映射
GPIO_Remap_USART1	USART1 复用功能映射
GPIO_PartialRemap_USART3	USART2 复用功能映射
GPIO_FullRemap_USART3	USART3 复用功能完全映射
GPIO_PartialRemap_TIM1	USART3 复用功能部分映射
GPIO_FullRemap_TIM1	TIM1 复用功能完全映射
GPIO_PartialRemap1_TIM2	TIM2 复用功能部分映射 1
GPIO_PartialRemap2_TIM2	TIM2 复用功能部分映射 2
GPIO_FullRemap_TIM2	TIM2 复用功能完全映射
GPIO_PartialRemap_TIM3	TIM3 复用功能部分映射
GPIO_FullRemap_TIM3	TIM3 复用功能完全映射
GPIO_Remap_TIM4	TIM4 复用功能映射
GPIO_Remap1_CAN	CAN 复用功能映射 1
GPIO_Remap2_CAN	CAN 复用功能映射 2
GPIO_Remap_PD01	PD01 复用功能映射
GPIO_Remap_SWJ_NoJTRST	除 JTRST 外，SWJ 完全使能(JTAG+SW-DP)
GPIO_Remap_SWJ_JTAGDisable	JTAG-DP 失能+SW-DP 使能
GPIO_Remap_SWJ_Disable	SWJ 完全失能(JTAG+SW-DP)

这里使用的是 TIM3_CH3 完全重映射，所以参数为 GPIO_FullRemap_TIM3。

第二个参数很好理解，用来使能还是失能，故调用函数如下：

GPIO_PinRemapConfig(GPIO_FullRemap_TIM3, ENABLE);　　　　//改变指定管脚的映射

使用到外设的复用功能重映射就需要开启 AFIO 时钟，所以开启 AFIO 时钟函数如下：

RCC_APB2PeriphClockCmd(RCC_APB2Periph_AFIO, ENABLE);

最后还要记得将管脚模式配置为复用推挽输出：

GPIO_InitStructure.GPIO_Mode=GPIO_Mode_AF_PP;　　　　　//复用推挽输出

(2) 初始化定时器参数，包含自动重装值、分频系数、计数方式等。要使用定时器功能，必须对定时器内相关参数初始化，其库函数如下：

void TIM_TimeBaseInit(TIM_TypeDef*TIMx,TIM_TimeBaseInitTypeDef*TIM_TimeBaseInitStruct);

这个在定时器中断章节就已经介绍过。

(3) 初始化 PWM 输出参数。TIM_OCInitTypeDef 定义于文件"stm32f10x_tim.h"，初始化定时器后，需要设置对应通道 PWM 的输出参数，比如 PWM 模式、输出极性、是否使能 PWM 输出等。PWM 通道设置函数 TIM_OCInit 如表 5-10 所示。

表 5-10　函数 TIM_OCInit

函数名	TIM_OCInit
函数原型	void TIM_OCInit(TIM_TypeDef* TIMx, TIM_OCInitTypeDef* TIM_OCInitStruct)
功能描述	根据 TIM_OCInitStruct 中指定的参数初始化外设 TIMx
输入参数 1	TIMx：x 可以是 2、3 或者 4，用于选择 TIM 外设
输入参数 2	TIM_OCInitStruct：指向结构 TIM_OCInitTypeDef 的指针，包含了 TIMx 时间基数单位的配置信息

　　每个通用定时器有多达 4 路 PWM 输出通道，所以 TIM_OCxInit 函数名中的 x 值可以为 1、2、3、4。函数的第一个参数相信大家一看就清楚，是用来选择定时器的；第二个参数是一个结构体指针变量，如下：

```
typedef struct
{
    u16 TIM_OCMode;
    u16 TIM_Channel;
    u16 TIM_Pulse;
    u16 TIM_OCPolarity;
}TIM_OCInitTypeDef;
```

　　TIM_OCMode：选择定时器模式，最常用的是 PWM1 和 PWM2。该参数的取值见表 5-11 所示。

表 5-11　TIM_OCMode 的取值

TIM_OCMode 取值	含　义
TIM_OCMode_Timing	TIM 输出比较时间模式
TIM_OCMode_Active	TIM 输出比较主动模式
TIM_OCMode_Inactive	TIM 输出比较非主动模式
TIM_OCMode_Toggle	TIM 输出比较触发模式
TIM_OCMode_PWM1	TIM 脉冲宽度调制模式 1
TIM_OCMode_PWM2	TIM 脉冲宽度调制模式 2

　　TIM_Channel：选择通道，该参数取值见表 5-12 所示。

表 5-12　TIM_Channel 的取值

TIM_Channel 取值	含　义
TIM_Channel_1	使用 TIM 通道 1
TIM_Channel_2	使用 TIM 通道 2
TIM_Channel_3	使用 TIM 通道 3
TIM_Channel_4	使用 TIM 通道 4

　　TIM_Pulse：设置待装入捕获比较寄存器的脉冲值，取值必须在 0x0000 和 0xFFFF 之间。
　　TIM_OCPolarity：输出极性，取值见表 5-13 所示。

表 5-13 TIM_OCPolarity 的取值

TIM_OCPolarity 取值	含 义
TIM_OCPolarity_High	TIM 输出比较极性高
TIM_OCPolarity_Low	TIM 输出比较极性低

如果要配置 TIM3 的 CH3 为 PWM1 模式，输出极性为低电平，并且使能 PWM 输出，可以如下配置：

TIM_OCInitTypeDefTIM_OCInitStructure;

TIM_OCInitStructure.TIM_OCMode=TIM_OCMode_PWM1;

TIM_OCInitStructure.TIM_OCPolarity=TIM_OCPolarity_Low;

TIM_OCInitStructure.TIM_OutputState=TIM_OutputState_Enable;

TIM_OC1Init(TIM3, &TIM_OCInitStructure);   //输出比较通道 3 初始化

(4) 开启定时器。前面几个步骤已经将定时器及 PWM 配置好，但 PWM 还不能正常使用，只有开启了定时器才能让它正常工作。例如，要开启 TIM3，那么调用函数如下：

TIM_Cmd(TIM3, ENABLE);   //开启定时器

(5) 修改 TIMx_CCRx 的值控制占空比。经过前面几个步骤的配置，PWM 已经开始输出了，只是占空比和频率是固定的。例如，本章要实现呼吸灯效果，就需要调节 TIM3 通道 3 的占空比，通过修改 TIM3_CCR3 的值控制。调节占空比函数是函数 TIM_SetCompare3，如表 5-14 所示。

表 5-14 函数 TIM_SetCompare3

函数名	TIM_SetCompare3
函数原型	void TIM_SetCompare3(TIM_TypeDef* TIMx, u16 Compare3)
功能描述	设置 TIMx 捕获比较 3 寄存器值
输入参数 1	TIMx：x 可以是 2、3 或者 4，用于选择 TIM 外设
输入参数 2	Compare1：捕获比较 3 寄存器新值

例如，设置 TIM3 捕获比较 3 寄存器的值：

u16 TIMCompare3=0x7FFF;

TIM_SetCompare3(TIM2,TIMCompare3);

对于其他通道，分别有对应的函数名，函数格式是 TIM_SetComparex(x = 1、2、3、4)。

(6) 使能 TIMx 在 CCRx 上的预装载寄存器。使能输出比较预装载库函数是 TIM_OC3PreloadConfig。该函数的定义如表 5-15 所示。

表 5-15 库函数 TIM_OC3PreloadConfig

函数名	TIM_OC3PreloadConfig
函数原型	void TIM_OC3PreloadConfig(TIM_TypeDef* TIMx, u16 TIM_OCPreload)
功能描述	使能或者失能 TIMx 在 CCR3 上的预装载寄存器
输入参数 1	TIMx：x 可以是 2、3 或者 4，用于选择 TIM 外设
输入参数 2	TIM_OCPreload：输出比较预装载状态

第一个参数用于选择定时器，第二个参数用于选择使能还是失能输出比较预装载寄存器，可选择为 TIM_OCPreload_Enable、TIM_OCPreload_Disable。

(7) 使能 TIMx 在 ARR 上的预装载寄存器允许位。使能 TIMx 在 ARR 上的预装载寄存器允许位库函数是 TIM_ARRPreloadConfig，该函数的定义如表 5-16 所示。

表 5-16　库函数 TIM_ARRPreloadConfig

函数名	TIM_ARRPreloadConfig
函数原型	void TIM_ARRPreloadConfig(TIM_TypeDef* TIMx, FunctionalState Newstate)
功能描述	使能或者失能 TIMx 在 ARR 上的预装载寄存器
输入参数 1	TIMx：x 可以是 2、3 或者 4，用于选择 TIM 外设
输入参数 2	NewState：TIM_CR1 寄存器 ARPE 位的新状态，这个参数可以取 ENABLE 或者 DISABLE

第一个参数用于选择定时器，第二个参数用于选择使能还是失能。

将以上几步全部配置好后，就可以控制通用定时器相应的通道输出 PWM 波形了。

5.2.4　硬件设计

硬件电路只使用到开发板上的 LED0，连接在 PB0 管脚。

5.2.5　软件设计

要实现的功能是：通过 TIM3 的 CH3 输出一个 PWM 信号，控制 LED0 指示灯由暗变亮，再由亮变暗。程序框架如下：

(1) 初始化 PB0 管脚为 PWM 输出功能。

(2) PWM 输出控制程序。

打开"PWM 呼吸灯"工程，在 APP 工程组中添加 pwm.c 文件，在 StdPeriph_Driver 工程组中添加 stm32f10x_tim.c 库文件。定时器操作的库函数都放在 stm32f10x_tim.c 和 stm32f10x_tim.h 文件中，所以使用到定时器功能就必须加入 stm32f10x_tim.c 文件，同时还要包含对应的头文件路径。

1) TIM3 通道 3 的 PWM 初始化函数

TIM3 通道 3 的 PWM 初始化代码如下：

```
void TIM3_CH1_PWM_Init(u16 per, u16 psc)
{
    TIM_TimeBaseInitTypeDef TIM_TimeBaseInitStructure;
    TIM_OCInitTypeDef TIM_OCInitStructure;
    GPIO_InitTypeDef GPIO_InitStructure;
    /*开启时钟*/
    RCC_APB2PeriphClockCmd(RCC_APB2Periph_GPIOC, ENABLE);
    RCC_APB1PeriphClockCmd(RCC_APB1Periph_TIM3, ENABLE);
```

```
RCC_APB2PeriphClockCmd(RCC_APB2Periph_AFIO, ENABLE);
/* 配置 GPIO 模式和 I/O 口 */
GPIO_InitStructure.GPIO_Pin = GPIO_Pin_6;
GPIO_InitStructure.GPIO_Speed = GPIO_Speed_50 MHz;
GPIO_InitStructure.GPIO_Mode = GPIO_Mode_AF_PP;                //复用推挽输出
GPIO_Init(GPIOC,&GPIO_InitStructure);
GPIO_PinRemapConfig(GPIO_FullRemap_TIM3, ENABLE);             //改变指定管脚的映射
TIM_TimeBaseInitStructure.TIM_Period = per;                   //自动装载值
TIM_TimeBaseInitStructure.TIM_Prescaler = psc;                //分频系数
TIM_TimeBaseInitStructure.TIM_ClockDivision = TIM_CKD_DIV1;
TIM_TimeBaseInitStructure.TIM_CounterMode = TIM_CounterMode_Up; //设置向上计数模式
TIM_TimeBaseInit(TIM3, &TIM_TimeBaseInitStructure);
TIM_OCInitStructure.TIM_OCMode = TIM_OCMode_PWM1;
TIM_OCInitStructure.TIM_OCPolarity = TIM_OCPolarity_Low;
TIM_OCInitStructure.TIM_OutputState = TIM_OutputState_Enable;
TIM_OC1Init(TIM3,&TIM_OCInitStructure);                       //输出比较通道 3 初始化
TIM_OC1PreloadConfig(TIM3, TIM_OCPreload_Enable); //使能 TIMx 在 CCR1 上的预装载寄存器
TIM_ARRPreloadConfig(TIM3, ENABLE);                          //使能预装载寄存器
TIM_Cmd(TIM3, ENABLE);                                       //使能定时器
}
```

在 TIM3_CH3_PWM_Init()函数中，首先使能 GPIOB 端口时钟、TIM3 时钟和 AFIO 时钟，将 PB0 管脚模式配置为复用推挽输出；然后配置定时器结构体 TIM_TimeBaseInitStructure，初始化 PWM 输出参数，由于 LED 指示灯是低电平点亮，要实现当 CCR1 的值小的时候 LED 暗，CCR1 值大的时候 LED 亮，所以设置为 PWM1 模式，输出极性为低电平，使能 PWM 输出；最后开启 TIM3。程序中最后调用了 TIM_OC1PreloadConfig()和 TIM_ARRPreloadConfig，是用来使能 TIM3 在 CCR1 上的预装载寄存器和自动重装载寄存器。

TIM3_CH3_PWM_Init()函数有两个参数，用来设置定时器的自动装载值和分频系数，方便大家修改 PWM 的频率。

2) 主函数

主函数代码如下：

```
#include "system.h"
#include "SysTick.h"
#include "led.h"
#include "pwm.h"
int main( )
{
    u16 i=0;
```

```
        u8 fx=0;
        SysTick_Init(72);
        NVIC_PriorityGroupConfig(NVIC_PriorityGroup_2);    //中断优先级分组,分 2 组
        LED_Init();
        TIM3_CH1_PWM_Init(500,72-1);         //频率是 2 kHz
        while(1)
        {
            if(fx == 0)
            {
                i++;
                if(i == 300)
                {
                    fx = 1;
                }
            }
            else
            {
                i--;
                if(i == 0)
                {
                    fx = 0;
                }
            }
            TIM_SetCompare1(TIM3,i);    //i 值最大可以取 499,因为 ARR 最大是 499
            delay_ms(10);
        }
    }
```

主函数首先初始化对应的硬件端口时钟和 I/O 口,然后调用 TIM3_CH3_PWM_Init 函数,这里设定定时器自动重装载值为 500,预分频系数为 72 - 1,定时周期即为 500 μs,频率即为 2 kHz。初始化后,定时器开始工作,PB0 开始输出 PWM 波形,波形频率为 2 kHz。通过变量 f_x 控制 i 的方向,如果 $f_x = 0$,i 值累加,否则递减,然后将这个变化的 i 值传递给 TIM_SetCompare1 函数,该函数功能是改变占空比的,从而实现指示灯亮度的调节,呈现呼吸灯的效果。程序中将 i 值控制在 300 内,主要是因为 PWM 输出波形占空比达到这个值时,指示灯亮度变化就不明显了,而且在初始化定时器时,将自动重装载值设置为 499,i 值不能超过 499。

5.2.6　工程编译与调试

将工程程序编译后下载到开发板内,可以看到指示灯由暗变亮,再由亮变暗,呈现呼

吸灯的效果，如图 5-17 所示。

图 5-17 呼吸灯效果图

举一反三

1. 修改 TIM2 初始化函数参数值，设定 1 s 的定时中断，让 D2 指示灯 1 s 状态反转一次，实现 2 s 闪烁一次。

2. 使用 TIM3 的更新中断控制 D2 指示灯闪烁，闪烁时间自定义。(温馨提示：只需要在初始化函数和中断函数中，将 TIM2 修改为 TIM3 即可)

3. 使用 TIM3 的 CH2 通道输出 PWM 控制蜂鸣器声音大小。(温馨提示：按照前面介绍的方法查找对应通道复用映射关系即可，可以尝试不同频率的控制)

4. 使用 TIM2 实现静态数码管累加计数。

5. 使用 TIM2 实现动态数码管倒计时，归零时控制蜂鸣器响。

6. 查阅资料，使用 TIM3 CH1 通道输入捕获功能测量一段高电平的时间。

项目 6　串行通信设计与实现

1. 了解串行通信的基本概念。
2. 掌握 STM32F1 的 USART 接口知识及配置方法。
3. 掌握 printf 重定向知识。
4. 能利用 STM32F1 的 USART1 实现与 PC 机对话。

6.1　串行通信的基本概念

数据通信的基本方式有并行通信和串行通信两种。按照串行数据的同步方式，串行通信分为异步通信和同步通信两类；按照通信方向，串行通信有单工方式、半双工方式和全双工方式。下面就来简单介绍这几种概念。

6.1.1　并行通信与串行通信

1. 并行通信

单位信息(通常是 8 位、16 位、32 位等)的各位用多条数据线同时传送的通信方式称为并行通信。并行通信连线多，但速度快，适合近距离通信。

2. 串行通信

单位信息的各位数据被分时一位一位依次顺序传送的通信方式称为串行通信。串行通信连线少，但速度慢，适合远距离通信。

并行通信与串行通信的数据传输示意图如图 6-1 所示。

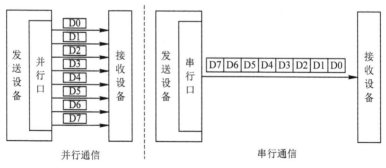

图 6-1　并行通信与串行通信数据传输示意图

6.1.2 异步通信与同步通信

1. 异步通信

异步通信 UART(Universal Asynchronous Receiver-transmitter)指接收器和发送器有各自的时钟,非同步,数据以字符构成的帧为单位进行传输,从起始位"0"、数据位由低到高、奇偶校验位(也可以没有)和停止位"1"逐位传送。字符位数间隔不固定,用空闲位 1 填充。

异步通信的特点:不要求收发双方时钟的严格一致,实现容易,设备开销较小,但每个字符要附加 2~3 位用于起止位,各帧之间还有间隔,因此传输效率不高。

2. 同步通信

在同步通信中,每一数据块开头时发送一个或两个同步字符,使发送与接收双方取得同步,然后再顺序发送数据。数据块的各个字符间取消了起始位和停止位,传输效率得以提高。

同步通信时要建立发送方时钟对接收方时钟的直接控制,使双方达到完全同步。传送的字符间不留间隙,既保持位同步关系,也保持字符同步关系。

异步通信与同步通信示意图如图 6-2 所示。

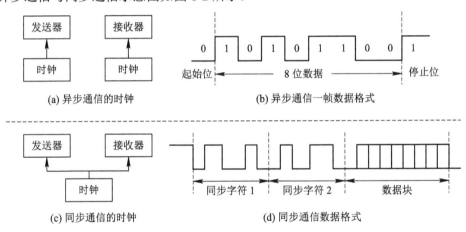

图 6-2 异步通信与同步通信示意图

6.1.3 单工、半双工与全双工通信

1. 单工通信

单工方式仅有一根传输线,允许数据单方向传送。

2. 半双工通信

半双工方式有一根传输线,允许数据分时向两个方向中的任一方向传送数据,但不能同时进行。

3. 全双工通信

全双工方式用两根传输线连接发送器和接收器,数据发送和接收能同时进行。

串行通信传输方式示意图如图 6-3 所示。

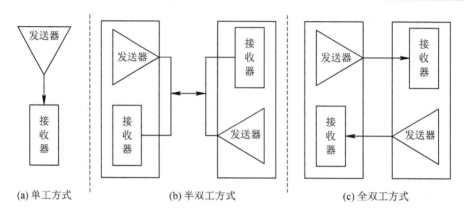

(a) 单工方式　　　　　(b) 半双工方式　　　　　(c) 全双工方式

图 6-3　串行通信传输方式示意图

6.1.4　串行通信的比特率

在串行通信中，用比特率描述数据的传送速度。串行通信的比特率是表示每秒传送的二进制的位数，其单位是 b/s。例如，数据传送速率为每秒钟 120 个字符，若每个字符(一帧)为 10 位(1 个起始位、1 个停止位、8 个数据位)，则传送比特率为：120 字符/秒×10 比特/字符 = 1200 比特/秒(bit/s)。

比特率是串行通信中衡量数据传输快慢的重要指标。比特率越高，表明数据传输速度越快。但比特率和字符的实际传输速率不同。字符的实际传输速率是指每秒钟内所传字符帧的帧数，和字符帧格式有关。在实际应用中，一定要注意串行通信系统中字符帧的格式。

字符帧的每一位的传输时间定义为比特率的倒数。例如，比特率为 1200 b/s 的通信系统，其每一位数据的传输时间为 1/1200 = 0.833(ms)。

在对串行通信的发送端和接收端进行比特率设置时，必须采用相同的比特率才能保证串行通信的正确性。异步通信的传送速率一般在 50～115 200 b/s 之间。国际上规定了标准比特率系列，这些标准比特率系列为 110 b/s、300 b/s、600 b/s、1200 b/s、1800 b/s、2400 b/s、4800 b/s、9600 b/s、19 200 b/s、38 400 b/s、57 600 b/s 和 115 200 b/s 等。

6.2　STM32F1 的 USART 介绍

6.2.1　串行通信接口标准

在串行通信时，要求通信双方都采用一种标准接口，使得不同的设备都可以方便地连接起来进行通信。串行通信接口标准经过使用和发展，目前已经有 RS-232、RS-422、RS-485 等，但都是在 RS-232 标准的基础上经过改进而形成的。这些标准只对接口的电气特性(电压，阻抗)做出规定，在此基础上用户可以建立自己的高层通信协议。

RS-232-C 接口(又称 EIA RS-232-C)是目前最常用的一种串行通信接口。例如，目前在IBM PC 机上的 COM1、COM2 接口就是 RS-232C 接口。RS-232-C 是美国电子工业协会

EIA(Electronic Industry Association)制定的一种串行物理接口标准。RS 是英文"推荐标准"的缩写，232 为标识号，C 表示修改次数，在这之前，有 RS232B、RS232A。它是在 1970年由美国电子工业协会(EIA)联合生产厂家共同制定的用于串行通信的标准，全名是"数据终端设备(DTE)和数据通信设备(DCE)之间串行二进制数据交换接口技术标准"。该标准规定，采用一个 25 个脚的 DB-25 连接器，对连接器的每个引脚的信号内容加以规定，还对各种信号的电平加以规定。后来 IBM 的 PC 将 RS232 简化成了 DB-9 连接器，目前成为事实标准。

RS-232-C 标准规定的数据传输速率为 50 b/s、75 b/s、100 b/s、150 b/s、300 b/s、600 b/s、1200 b/s、2400 b/s、4800 b/s、9600 b/s、19 200 b/s、38 400 b/s。

串口通信使用的大多是 DB-9 接口，有公头和母头之分，其中带针状的接头是公头，带孔状的接头是母头。9 针串口线的外观图如图 6-4 所示。

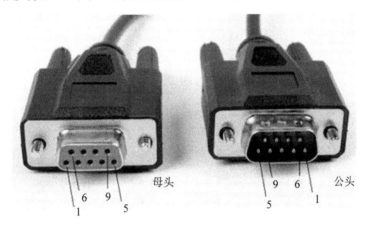

图 6-4　9 针串口线外观图

从图中可以看到公头和母头的管脚定义顺序是不一样的，这一点需要特别注意。9 针串口管脚的功能说明如表 6-1 所示。

表 6-1　DB-9 管脚功能

管脚	信号	功　　能
1	DCD	载波检测
2	RXD	接收数据
3	TXD	发送数据
4	DTR	数据终端准备好
5	SGND	信号地
6	DSR	数据准备好
7	RTS	请求发送
8	CTS	清除发送
9	RI	振铃提示

对于一般双工通信,仅需使用接收线 RXD、发送线 TXD、地线 GND 三条线就可实现。

RS-232C 用正负电压表示逻辑状态,与 TTL、CMOS 等以高低电平表示逻辑状态的规定不同。RS-232C 标准对逻辑电平的定义如下。

● 在 TXD 和 RXD 上,RS-232C 采用负逻辑:逻辑 1(MARK) = −3～−15 V,逻辑 0(SPACE) = +3～+15 V。

● 在 RTS、CTS、DSR、DTR 和 DCD 等控制线上:信号有效(接通,ON,正电压) = +3～+25 V,信号无效(断开,OFF,负电压) = −3～−25 V。

由于单片机引脚的 TTL 电平与 RS-232C 标准电平互不兼容,所以单片机采用 RS-232C 标准进行串行通信时,需要进行 TTL 电平与 RS-232C 标准电平之间的变换。通常使用的电平转换芯片是 MAX3232。

在串口通信中通常台式计算机的 DB-9 为公头,笔记本电脑和单片机上使用的串口 DB-9 为母头,通过一根直通串口线将 2、3、5 管脚直接相连。如果要实现两台计算机间用串口通信,那么就需要一根交叉串口线将 2 对 3、3 对 2、5 对 5 连接,交叉串口线两头一般都是母头,串口数据收发线的连接如图 6-5 所示。

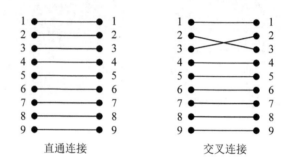

图 6-5　串口数据收发线的连接

6.2.2　USART 简介

USART 即通用同步异步收发器,它能够灵活地与外部设备进行全双工数据交换,满足外部设备对工业标准 NRZ(Non-Return-to-Zero Code)不归零编码异步串行数据格式的要求。STM32F103RCT6 芯片含有 3 个 USART、2 个 UART 外设。USART 支持同步单向通信和半双工单线通信,还支持 LIN(域互联网络)、智能卡协议与 IrDA(红外线数据协会) SIRENDEC 规范,以及调制解调器操作(CTS/RTS)。它还支持多处理器通信和 DMA 功能,使用 DMA 可实现高速数据通信。USART 发送和接收公用的波特率,波特率最高达 4.5 Mb/s。USART 可编程数据字长度(8 位或 9 位),可配置停止位(支持 1 个或 2 个停止位),发送方为同步传输提供时钟,单独的发送器和接收器使能位。

6.2.3　USART 功能概述

其实 USART 能够有这么多功能,取决于它的内部结构,其内部结构框图如图 6-6 所示。

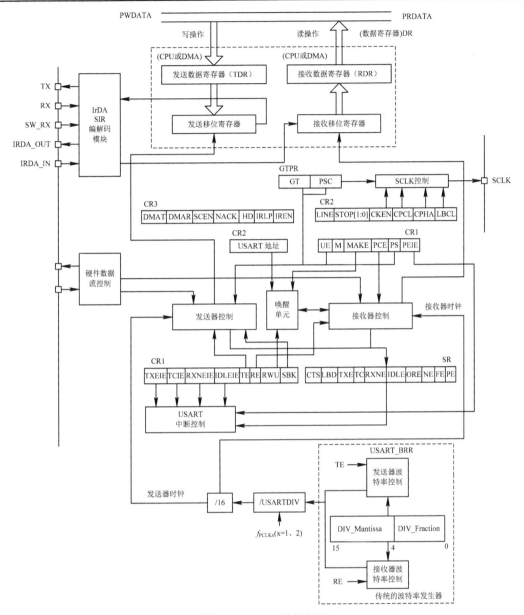

图 6-6 USART 结构框图

1. 引脚功能

接口通过三个引脚就可与其他设备连接在一起。任何 USART 双向通信至少需要两个引脚：RX 和 TX。

- TX：发送数据输出引脚。
- RX：接收数据输入引脚。
- SW_RX：数据接收引脚，只用于单线和智能卡模式，属于内部引脚，没有具体外部引脚。

在 IrDA 模式里需要下列引脚：

- IrDA_RDI：IrDA 模式下的数据输入。
- IrDA_TDO：IrDA 模式下的数据输出。

下列引脚在硬件流控模式中需要：

- nCTS：清除发送，若是高电平，在当前数据传输结束时阻断下一次的数据发送。
- nRTS：发送请求，若是低电平，表明 USART 准备好接收数据。
- SCLK：发送器时钟输出引脚。这个引脚仅适用于同步模式。

2. 字长设置

字长可以通过编程 USART_CR1 寄存器中的 M 位，选择成 8 位或 9 位，如图 6-7 所示。在起始位期间，TX 脚处于低电平，在停止位期间处于高电平。空闲符号被视为完全由"1"组成的一个完整的数据帧，后面跟着包含了数据的下一帧的开始位("1"的位数也包括了停止位的位数)。断开符号被视为在一个帧周期内全部收到"0"(包括停止位期间，也是"0")。在断开帧结束时，发送器再插入 1 或 2 个停止位("1")来应答起始位。

发送和接收由一个共用的波特率发生器驱动，当发送器的使能位 TE 和接收器的使能位 RE 分别置位时，分别为其产生时钟。

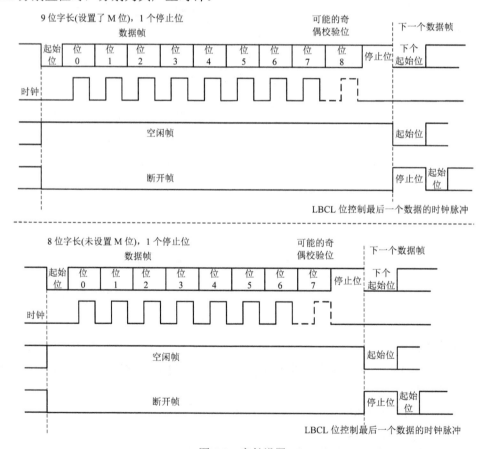

图 6-7 字长设置

3. 发送器

发送器根据 M 位的状态发送 8 位或 9 位的数据字。当发送使能位(TE)被设置时，发送移位寄存器中的数据在 TX 脚上输出,相应的时钟脉冲在 SCLK 脚上输出。

在 USART 发送期间,在 TX 引脚上首先移出数据的最低有效位。在此模式里,USART_DR 寄存器包含了一个内部总线和发送移位寄存器之间的缓冲器。

在数据传输期间不能复位 TE 位,否则将破坏 TX 脚上的数据,因为波特率计数器停止计数,正在传输的当前数据将丢失。

每个字符发送的停止位的位数可以通过控制寄存器 CR2 的位 13、12 进行编程,这两位的取值及含义如下:

00:1 个停止位,停止位位数的默认值。

01:0.5 个停止位,在智能卡模式下接收数据时使用。

10:2 个停止位,可用于常规 USART 模式、单线模式以及调制解调器模式。

11:1.5 个停止位,在智能卡模式下发送和接收数据时使用。

配置步骤:

(1) 通过在 USART_CR1 寄存器上置位 UE 位来激活 USART。

(2) 编程 USART_CR1 的 M 位来定义字长。

(3) 在 USART_CR2 中编程停止位的位数。

(4) 如果采用多缓冲器通信,配置 USART_CR3 中的 DMA 使能位(DMAT)。按多缓冲器通信中的描述配置 DMA 寄存器。

(5) 利用 USART_BRR 寄存器选择要求的波特率。

(6) 设置 USART_CR1 中的 TE 位,发送一个空闲帧作为第一次数据发送。

(7) 把要发送的数据写进 USART_DR 寄存器(此动作清除 TXE 位)。在只有一个缓冲器的情况下,对每个待发送的数据重复步骤(7)。

(8) 在 USART_DR 寄存器中写入最后一个数据字后,要等待 TC=1,它表示最后一个数据帧的传输结束。当需要关闭 USART 或需要进入停机模式之前,需要确认传输结束,避免破坏最后一次传输。

清零 TXE 位总是通过对数据寄存器的写操作来完成的,TXE 位由硬件来设置,它表明:数据已经从 TDR 移送到移位寄存器,数据发送已经开始,TDR 寄存器被清空,下一个数据可以被写进 USART_DR 寄存器而不会覆盖先前的数据。

如果 TXEIE 位被设置,此标志将产生一个中断。

如果此时 USART 正在发送数据,对 USART_DR 寄存器的写操作,把数据存进 TDR 寄存器,并在当前传输结束时把该数据复制进移位寄存器。

如果此时 USART 没有在发送数据,处于空闲状态,对 USART_DR 寄存器的写操作,直接把数据放进移位寄存器,数据传输开始,TXE 位立即被置起。

当一帧发送完成(停止位发送后)并且设置了 TXE 位,TC 位被置起,如果 USART_CR1 寄存器中的 TCIE 位被置起时,则会产生中断。

4. 接收器

USART 可以根据 USART_CR1 的 M 位接收 8 位或 9 位的数据字。

在 USART 接收期间,数据的最低有效位首先从 RX 脚移进。在此模式里,USART_DR 寄存器包含的缓冲器位于内部总线和接收移位寄存器之间。

配置步骤：

(1) 将 USART_CR1 寄存器的 UE 置 1 来激活 USART。

(2) 编程 USART_CR1 的 M 位定义字长。

(3) 在 USART_CR2 中编写停止位的个数。

(4) 利用波特率寄存器 USART_BRR 选择需要的波特率。

(5) 设置 USART_CR1 的 RE 位，激活接收器，使它开始寻找起始位。

当一个字符被接收到时，RXNE 位被置位，它表明移位寄存器的内容被转移到 RDR。换句话说，数据已经被接收并且可以被读出(包括与之有关的错误标志)。

如果 RXNEIE 位被设置，将产生中断。

在接收期间如果检测到帧错误、噪声或溢出错误，错误标志将被置起。

在多缓冲器通信时，RXNE 在每个字节接收后被置起，并由 DMA 对数据寄存器的读操作而清零。

在单缓冲器模式里，由软件读 USART_DR 寄存器完成对 RXNE 位的清除。RXNE 标志也可以通过对它写 "0" 来清除。RXNE 位必须在下一字符接收结束前被清零，以避免溢出错误。

注意：在接收数据时，RE 位不应该被复位。如果 RE 位在接收时被清零，当前字节的接收丢失。

5. 中断控制

USART 有多个中断请求事件，如表 6-2 所示。

表 6-2　USART 的多个中断请求事件

中断事件	事件标志	使能位
发送数据寄存器空	TXE	TXEIE
CTS 标志	CTS	CTSIE
发送完成	TC	TCIE
接收数据就绪可读	TXNE	TXNEIE
检测到数据溢出	ORE	
检测到空闲线路	IDLE	IDLEIE
奇偶检验错	PE	PEIE
断开标志	LBD	LBDIE
噪声标志，多缓冲通信中的溢出错误和帧错误	NE 或 ORT 或 FE	EIE[1]

(1)：仅当使用 DMA 接收数据时，才使用这个标志位。

USART 的各种中断事件被连接到同一个中断向量，如图 6-8 所示。

发送期间：发送完成、清除发送、发送数据寄存器空。

接收期间：空闲总线检测、溢出错误、接收数据寄存器非空、校验错误、LIN 断开符号检测、噪声标志(仅在多缓冲器通信)和帧错误(仅在多缓冲器通信)。

如果设置了对应的使能控制位，这些事件就可以产生各自的中断。

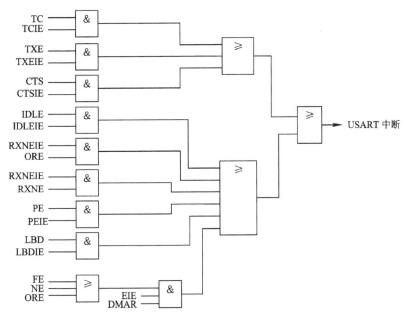

图 6-8　USART 中断映像图

6. 分数波特率的产生

接收器和发送器的波特率在 USARTDIV 的整数和小数寄存器中的值应设置成相同。波特率计算公式如下：

$$\text{Tx/Rx 波特率} = \frac{f_{CK}}{16 \times \text{USARTDIV}} \tag{6-1}$$

这里的 f_{CK} 是给外设的时钟，只有 USART1 使用 PCLK2(最高 72 MHz)，其余 USART 均使用 PCLK1(最高为 36 MHz)。

USARTDIV 是一个无符号的定点数，这 12 位的值设置在 USART_BRR 寄存器。其中，DIV_Mantissa[11:0]位定义 USARTDIV 的整数部分，DIV_Fraction[3:0]位定义 USARTDIV 的小数部分。串口通信中常用的波特率为 4800、9600、115 200Baud 等。USART_BRR 寄存器的定义如图 6-9 所示。

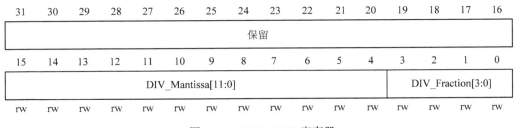

图 6-9　USART_BRR 寄存器

图中：

● 位[31:16]：保留位，硬件强制为 0。

● 位[15:4]：DIV_Mantissa[11:0]，USARTDIV 的整数部分，这 12 位定义了 USART 分频器除法因子(USARTDIV)的整数部分。

● 位[3:0]：DIV_Fraction[3:0]，USARTDIV 的小数部分，这 4 位定义了 USART 分频器除法因子(USARTDIV)的小数部分。

如何从 USART_BRR 寄存器的值中得到 USARTDIV 呢？下面举例说明。

【例 1】如果 DIV_Mantissa = 27，DIV_Fraction=12(USART_BRR=0x1BC)，于是

$$Mantissa(USARTDIV) = 27$$

$$Fraction(USARTDIV) = \frac{12}{16} = 0.75$$

所以 USARTDIV = 27.75。

【例 2】要求 USARTDIV = 25.62，就有

$$DIV\_Fraction = 16 \times 0.62 = 9.92$$

最接近的整数是

$$10 = 0x0A$$

$$DIV\_Mantissa = mantissa(25.620) = 25 = 0x19$$

于是，USART_BRR = 0x19A。

6.2.4　USART 串口通信配置步骤

下面讲解如何使用库函数对 USART 进行配置。与 USART 相关的库函数在 stm32f10x_usart.c 和 stm32f10x_usart.h 文件中。具体步骤如下：

(1) 使能串口时钟及 GPIO 端口时钟。STM32F103RCT6 芯片具有 5 个串口外设，其对应的管脚可在芯片数据手册上查找到，USART1 挂接在 APB2 总线上，其他的挂接在 APB1 总线，由于 UART4 和 UART5 只有异步传输功能，所以没有 SCLK、nCTS 和 nRTS 引脚。表 6-3 所示为串口外设对应的管脚及挂接的总线。

表 6-3　串口外设对应的管脚及挂接的总线

引脚	APB2 总线	APB1 总线			
	USART1	USART2	USART3	USART4	USART5
TX	PA9	PA2	PB10	PC10	PC12
RX	PA10	PA3	PB11	PC11	PD2
SCLK	PA8	PA4	PB12		
nCTS	PA11	PA0	PB13		
nRTS	PA12	PA1	PB14		

根据自己所用串口使能总线时钟和端口时钟。例如，使用 USART1，其挂接在 APB2 总线上，并且 USART1 的 TX 和 RX 引脚对应 STM32F103RCT6 芯片管脚的 PA9 和 PA10，因此使能时钟函数如下：

```
RCC_APB2PeriphClockCmd(RCC_APB2Periph_GPIOA, ENABLE);     //使能 GPIOA 时钟
RCC_APB2PeriphClockCmd(RCC_APB2Periph_USART1, ENABLE);    //使能 USART1 时钟
```

(2) GPIO 端口模式设置，设置串口对应的引脚为复用功能。因为使用引脚的串口功能，所以在配置 GPIO 时要设置为复用功能，这里把串口的 TX 引脚配置为复用推挽输出，RX 引脚为浮空输入，数据完全由外部输入决定。配置代码如下：

GPIO_InitStructure.GPIO_Pin = GPIO_Pin_9;　　　　　　　//TX 串口输出 PA9

GPIO_InitStructure.GPIO_Speed = GPIO_Speed_50 MHz;

GPIO_InitStructure.GPIO_Mode = GPIO_Mode_AF_PP;　　　　//复用推挽输出

GPIO_Init(GPIOA, &GPIO_InitStructure);/*初始化 GPIO*/

GPIO_InitStructure.GPIO_Pin = GPIO_Pin_10;　　　　　　　//RX 串口输入 PA10

GPIO_InitStructure.GPIO_Mode = GPIO_Mode_IN_FLOATING;　　　//模拟输入

GPIO_Init(GPIOA, &GPIO_InitStructure);/*初始化 GPIO*/

(3) 初始化串口参数。

串口参数包含波特率、字长、奇偶校验等。要使用串口功能，必须对串口通信相关参数初始化，其初始化库函数 USART_Init 的定义如表 6-4 所示。

表 6-4　库函数 USART_Init 定义

函数名	USART_Init
函数原型	void USART_Init(USART_TypeDef* USARTx, USART_InitTypeDef* USART_InitStruct)
功能描述	根据 USART_InitStruct 中指定的参数，初始化外设 USARTx 寄存器
输入参数 1	USARTx：x 可以是 1、2 或者 3，用于选择 USART 外设
输入参数 2	USART_InitStruct：指向结构 USART_InitTypeDef 的指针，包含了外设 USART 的配置信息

第一个参数是用来选择串口；第二个参数是一个结构体指针变量，结构体类型是 USART_InitTypeDef，其内包含了串口初始化的成员变量。USART_InitTypeDef 定义于文件"stm32f10x_usart.h"，其结构体如下：

```
typedef struct
{
    u32 USART_BaudRate;
    u16 USART_WordLength;
    u16 USART_StopBits;
    u16 USART_Parity;
    u16 USART_HardwareFlowControl;
    u16 USART_Mode;
    u16 USART_Clock;
    u16 USART_CPOL;
    u16 USART_CPHA;
    u16 USART_LastBit;
}USART_InitTypeDef;
```

现介绍每个成员变量的功能：

① USART_BaudRate：波特率设置。标准库函数会根据设定值计算得到 USARTDIV 值，并设置 USART_BRR 寄存器值。波特率可以由以下公式计算：

$$IntegerDivider = \frac{APBClock}{16 \times (USART\_InitStruct-> USART\_BaudRate)} \qquad (6\text{-}2)$$

$$FractionalDivider = (IntegerDivider - ((u32)IntegerDivider)) \times 16 + 0.5 \qquad (6\text{-}3)$$

② USART_WordLength：提示了在一个帧中传输或者接收到的数据位数。表 6-5 给出了该参数可取的值。

表 6-5　USART_WordLength 可取的值

USART_WordLength 取值	描　　述
USART_WordLength_8b	8 位数据
USART_WordLength_9b	9 位数据

③ USART_StopBits：停止位设置。它通过设定 USART_CR2 寄存器的 STOP[1:0]位的值，可选 0.5 个、1 个、1.5 个和 2 个停止位，一般选择 1 个停止位。表 6-6 给出了该参数可取的值。

表 6-6　USART_StopBits 可取的值

USART_StopBits 取值	描　　述
USART_StopBits_1	在帧结尾传输 1 个停止位
USART_StopBits_0.5	在帧结尾传输 0.5 个停止位
USART_StopBits_2	在帧结尾传输 2 个停止位
USART_StopBits_1.5	在帧结尾传输 1.5 个停止位

④ USART_Parity：奇偶校验控制选择，它设定 USART_CR1 寄存器的 PCE 位和 PS 位的值。表 6-7 给出了该参数可取的值。

表 6-7　USART_Parity 可取的值

USART_Parity 取值	描　　述
USART_Parity_No	奇偶失能
USART_Parity_Even	偶模式
USART_Parity_Odd	奇模式

⑤ USART_Mode：USART 模式选择。它设定 USART_CR1 寄存器的 RE 位和 TE 位。表 6-8 给出了该参数可取的值。

表 6-8　USART_Mode 可取的值

USART_Mode 取值	描　　述
USART_Mode_Tx	发送使能
USART_Mode_Rx	接收使能

⑥ USART_HardwareFlowControl：指定了硬件流控制模式使能还是失能。表 6-9 给出了该参数可取的值。

表 6-9　USART_HardwareFlowControl 可取的值

USART_HardwareFlowControl 取值	描　　述
USART_HardwareFlowControl_None	硬件流控制失能
USART_HardwareFlowControl_RTS	发送请求 RTS 使能
USART_HardwareFlowControl_CTS	清除发送 CTS 使能
USART_HardwareFlowControl_RTS_CTS	RTS 和 CTS 使能

(4) 使能串口。配置好串口后，还需要使能它，使能串口函数 USART_Cmd 如表 6-10 所示。

表 6-10　函数 USART_Cmd 的定义

函数名	USART_Cmd
函数原型	void USART_Cmd(USART_TypeDef* USARTx, FunctionalState NewState)
功能描述	使能或者失能 USART 外设
输入参数 1	USARTx：x 可以是 1、2 或者 3，用于选择 USART 外设
输入参数 2	NewState：外设 USARTx 的新状态，这个参数可以取 ENABLE 或者 DISABLE

例如，要使能 USART1，其函数如下：

　　USART_Cmd(USART1, ENABLE);　　　　　　　　//使能串口 1

(5) 设置串口中断类型并使能。对串口中断类型和中断使能的设置的函数 USART_ITConfig 定义如表 6-11 所示。

表 6-11　函数 USART_ITConfig 的定义

函数名	USART_ITConfig
函数原型	void USART_ITConfig(USART_TypeDef* USARTx, u16USART_IT, FunctionalState NewState)
功能描述	使能或者失能指定的 USART 中断
输入参数 1	USARTx：x 可以是 1、2 或者 3，用于选择 USART 外设
输入参数 2	USART_IT：待使能或者失能的 USART 中断源
输入参数 3	NewState：USARTx 中断的新状态，这个参数可以取 ENABLE 或者 DISABLE

第一个参数用来选择串口，第二个参数用来选择串口中断类型，第三个参数用来使能或者失能对应中断。

第二个输入参数 USART_IT 使能或者失能 USART 的中断，可以取表 6-12 所示的一个或者多个取值的组合作为该参数的值。

表 6-12　USART_IT 的取值

USART_IT 取值	描　　述
USART_IT_PE	奇偶错误中断
USART_IT_TXE	发送中断
USART_IT_TC	传输完成中断
USART_IT_RXNE	接收中断
USART_IT_IDLE	空闲总线中断
USART_IT_LBD	LIN 中断检测中断
USART_IT_CTS	CTS 中断
USART_IT_ERR	错误中断

比如，在接收到数据的时候(RXNE 读数据寄存器非空)要产生中断，那么开启中断的方法是：

　　　USART_ITConfig(USART1, USART_IT_RXNE, ENABLE);　　　　　//开启接收中断

(6) 设置串口中断优先级，使能串口中断通道。在上一步已经使能了串口的接收中断，只要使用到中断，就必须对 NVIC 初始化，NVIC 初始化库函数是 NVIC_Init()，这个在前面讲解 STM32 中断时就已经介绍过，此处不再赘述。

(7) 编写串口中断服务函数。最后还需要编写一个串口中断服务函数，通过中断服务函数处理串口产生的相关中断。串口中断服务函数名在 STM32F1 启动文件内已有，USART1 中断函数名为：USART1_IRQHandler，因为串口的中断类型有很多，所以进入中断后，需要在中断服务函数开头处通过状态寄存器的值判断此次中断是哪种类型，然后做出相应的控制。库函数中用来读取串口中断状态标志位的函数如下：

　　　ITStatusUSART_GetITStatus(USART_TypeDef*USARTx, uint16_tUSART_IT);

此函数功能是判断 USARTx 的中断类型 USART_IT 是否产生中断。例如，要判断 USART1 的接收中断是否产生，可以调用此函数：

　　　if(USART_GetITStatus(USART1, USART_IT_RXNE)!=RESET)
　　　{
　　　　　//执行 USART1 接收中断内控制
　　　}

如果产生接收中断，那么调用 USART_GetITStatus 函数后返回值为 1，就会进入到 if 函数内执行中断控制功能程序，否则就不会进入中断处理程序。

在编写串口中断服务函数时，最后通常会调用一个清除中断标志位的函数，如下：

　　　void　USART_ClearFlag(USART_TypeDef*USARTx, uint16_tUSART_FLAG);

函数中第二个参数为状态标志选项。

将以上几步全部配置好后，就可以正常使用串口中断了。

6.3　任务 10　USART1 与 PC 机实现对话

▶ 任务目标

本节所要实现的功能是：STM32F1 通过 USART1 实现与 PC 机对话，STM32F1 的 USART1 收到 PC 机发来的数据后原封不动地返回给 PC 机并显示。同时，开发板 LED1 指示灯不断闪烁，提示系统正常运行。

6.3.1　硬件设计

在开发板的功能及使用章节已经介绍过串口通信和程序下载的连接方法，这里就不再赘述。

6.3.2　软件设计

软件程序框架如下:

(1) 初始化 USART1,并使能串口接收中断等。

(2) 编写 USART1 中断函数。

(3) 编写主函数。

在前面介绍串口配置步骤时,就已经讲解如何初始化串口。下面创建 "USART 串口通信"
工程: 在 Public 工程组中添加 usart.c 文件,在 StdPeriph_Driver 工程组中添加 stm32f10x_usart.c
库文件。串口操作的库函数都放在 stm32f10x_usart.c 和 stm32f10x_usart.h 文件中,所以使用到
串口就必须加入 stm32f10x_usart.c 文件,同时还要包含对应的头文件路径。

1. 编写 USART1 初始化函数

要使用串口中断,必须先对它进行配置。USART1 初始化代码如下:

```
void USART1_Init(u32 bound)
{
    //GPIO 端口设置
    GPIO_InitTypeDef GPIO_InitStructure;
    USART_InitTypeDef USART_InitStructure;
    NVIC_InitTypeDef NVIC_InitStructure;
    RCC_APB2PeriphClockCmd(RCC_APB2Periph_GPIOA, ENABLE);
    RCC_APB2PeriphClockCmd(RCC_APB2Periph_USART1, ENABLE);
    /*配置 GPI0 的模式和 I/O 口 */
    GPIO_InitStructure.GPIO_Pin = GPIO_Pin_9;        //TX   //串口输出 PA9
    GPIO_InitStructure.GPIO_Speed = GPIO_Speed_50 MHz;
    GPIO_InitStructure.GPIO_Mode = GPIO_Mode_AF_PP;  //复用推挽输出
    GPIO_Init(GPIOA,&GPIO_InitStructure);  /*初始化串口输入 I/O*/
    GPIO_InitStructure.GPIO_Pin = GPIO_Pin_10;       //RX //串口输入 PA10
    GPIO_InitStructure.GPIO_Mode = GPIO_Mode_IN_FLOATING;  //模拟输入
    GPIO_Init(GPIOA,&GPIO_InitStructure); /*初始化 GPIO */
    //USART1 初始化设置
    USART_InitStructure.USART_BaudRate = bound;        //波特率设置
    USART_InitStructure.USART_WordLength = USART_WordLength_8b; //字长为 8 位数据格式
    USART_InitStructure.USART_StopBits = USART_StopBits_1;      //1 个停止位
    USART_InitStructure.USART_Parity = USART_Parity_No;         //无奇偶校验位
    USART_InitStructure.USART_HardwareFlowControl = USART_HardwareFlowControl_None;
                                                   //无硬件数据流控制
    USART_InitStructure.USART_Mode = USART_Mode_Rx | USART_Mode_Tx;    //收发模式
    USART_Init(USART1, &USART_InitStructure);              //初始化串口 1
```

```
USART_Cmd(USART1, ENABLE);    //使能串口 1
USART_ClearFlag(USART1, USART_FLAG_TC);
USART_ITConfig(USART1, USART_IT_RXNE, ENABLE);            //开启相关中断
//Usart1 NVIC 配置
NVIC_InitStructure.NVIC_IRQChannel = USART1_IRQn;          //串口 1 中断通道
NVIC_InitStructure.NVIC_IRQChannelPreemptionPriority = 3;  //抢占优先级 3
NVIC_InitStructure.NVIC_IRQChannelSubPriority =3;          //子优先级 3
NVIC_InitStructure.NVIC_IRQChannelCmd = ENABLE;           //IRQ 通道使能
NVIC_Init(&NVIC_InitStructure);          //根据指定的参数初始化 NVIC 寄存器
}
```

在 USART1_Init()函数中，首先使能 USART1 串口及端口时钟，并初始化 GPIO 为复用功能；其次配置串口结构体 USART_InitTypeDef，使能串口并开启接收中断，为了防止串口发送状态标志位的影响，清除串口状态标志位(TC)；最后配置相应的 NVIC 并使能对应中断通道，将 USART1 的抢占优先级设置为 3，响应优先级设置为 3。这一过程在前面步骤介绍中已经提了。

USART1_Init()函数有一个参数 bound，用来设置 USART1 串口的波特率，方便大家修改。

2. 编写 USART1 中断函数

初始化 USART1 后，接收中断就已经开启了，当上位机发送数据过来，STM32F1 的串口接收寄存器内即为非空，触发接收中断，具体代码如下：

```
void USART1_IRQHandler(void)  //串口 1 中断服务程序
{
    u8 Res;
    if(USART_GetITStatus(USART1, USART_IT_RXNE) != RESET)
                            //接收中断(接收到的数据必须是 0x0d 0x0a 结尾)
    {
        Res = USART_ReceiveData(USART1);      //读取接收到的数据
        if((USART_RX_STA&0x8000) == 0)        //接收未完成
        {
            if(USART_RX_STA&0x4000)           //接收到了 0x0d
            {
                if(Res!=0x0a)USART_RX_STA = 0; //接收错误，重新开始
                else USART_RX_STA |= 0x8000;   //接收完成了
            }else                              //还没收到 0x0d
            {
                if(Res == 0x0d)USART_RX_STA |= 0x4000;
                else{
```

```
            USART_RX_BUF[USART_RX_STA&0X3FFF] = Res ;
            USART_RX_STA++;
            if(USART_RX_STA > (USART_REC_LEN-1))
                USART_RX_STA = 0;                    //接收数据错误，重新开始接收
            }
        }
    }
  }
}
```

为了确认 USART1 是否发生接收中断，调用了读取串口中断状态标志位函数 USART_GetITStatus，如果确实产生接收中断事件，那么就会执行 if 内的语句，将串口接收到的数据保存在变量 r 内，然后通过串口发送出去，通过 USART_GetFlagStatus 函数读取串口状态标志，如果数据发送完成，则退出 while 循环语句，且清除发送完成状态标志位 USART_FLAG_TC。

3. 编写主函数

编写好串口初始化和中断服务函数后，接下来就可以编写主函数了，代码如下：

```
#include "system.h"
#include "SysTick.h"
#include "led.h"
#include "usart.h"
int main( )
{
    u8 t;
    u8 len;
    u8 i = 0;
    SysTick_Init(72);
    NVIC_PriorityGroupConfig(NVIC_PriorityGroup_2);      //中断优先级分组，分 2 组
    LED_Init( );
    USART1_Init(9600);
    while(1)
    {
        if(USART_RX_STA&0x8000)
        {
            len = USART_RX_STA&0x3fff;                    //得到此次接收到的数据长度
            printf("\r\n 您发送的消息为: ");
            for(t=0; t<len; t++)
            {
                USART1->DR = USART_RX_BUF[t];
```

```
            while((USART1->SR&0X40) == 0);          //等待发送结束
        }
        printf("\r\n\r\n");                          //插入换行
        USART_RX_STA = 0;
    }
    else
    {
        i++;
        if(i%5000 == 0)
        {
            printf("\r\nSTM32 开发板 串口收发数据测试\r\n");
            printf("西安培华学院@PHU\r\n\r\n\r\n");
        }
        if(i%200 == 0)
            printf("请输入数据，以回车键结束\r\n");
        if(i%30 == 0)
            led0 =! led0;  //LED 闪烁，提示系统正在运行
            delay_ms(10);
    }
    }
    }
```

　　主函数实现的功能很简单，首先调用之前编写好的硬件初始化函数，包括 SysTick 系统时钟、中断分组、LED 初始化等；然后调用前面编写的 USART1 初始化函数，这里设定串口通信波特率为 9600 b/s；最后进入 while 循环语句，不断让 D1 指示间隔 200 ms 闪烁，如果发生接收中断事件，即会进入中断执行，执行完后回到主函数内继续运行。其实，如果你学会了 USART1 的使用，对于其他的串口都是类似的。

6.3.3　工程编译与调试

　　将工程程序编译后下载到开发板内，可以看到 D1 指示灯不断闪烁，表示程序正常运行。打开"串口调试助手"XCOM，设置好波特率等参数，在字符输入框中输入所要发送的数据，点击"发送"键后，串口助手上即会收到芯片发送过来的内容(前提是一定要连接好线路，USB 转串口模块一端连接电脑，另一端连接开发板 USART1 下载口)。可以看出，STM32 的串口数据发送是没问题的了。但是，因为在程序上面设置了必须输入回车，串口才认可接收到的数据，所以必须在发送数据后再发送一个回车符，这里 XCOM 提供的发送方法是通过勾选"发送新行"实现，只要勾选了这个选项，每次发送数据后，XCOM 都会自动多发一个回车(0x0D + 0x0A)。设置好了发送新行，再在发送区输入你想要发送的文字，然后单击发送，可以得到如图 6-10 所示的串口通信效果。

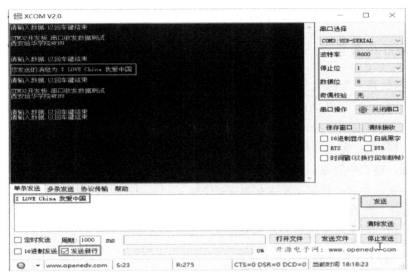

图 6-10   串口通信效果

6.4   printf 重定向

USART 在 STM32 中应用最多的是 printf 输出调试信息，当需要了解程序内的一些变量数据信息时，可以通过 printf 输出函数将这些信息打印到串口助手上显示，这给调试程序带来了极大的方便。

上一节介绍了 STM32F1 的 USART 串口通信，在此基础上来学习如何在 STM32 上使用 printf 输出函数。相信只要学习过 C 语言的朋友，都会使用 printf 函数。本章要实现的功能是：通过 printf 函数将信息打印在串口调试助手上显示。学习本节的内容可以参考串口通信章节内容。

6.4.1   printf 重定向介绍

知道 C 语言中 printf 函数默认的输出设备是显示器，如果要实现在串口或者 LCD 上显示，必须重定义标准库函数里调用的与输出设备相关的函数。比如使用 printf 输出到串口，需要将 fputc 函数里面的输出指向串口，这一过程就叫重定向。

那么，如何让 STM32 使用 printf 函数呢？很简单，只需要将 fputc 函数里面的输出指向 STM32 串口即可。fputc 函数有固定的格式，只需要在函数内操作 STM32 串口即可，代码如下：

```
int fputc(int ch, FILE *p)    //函数默认的，在使用 printf 函数时自动调用
{
USART_SendData(USART1, (u8)ch);
while(USART_GetFlagStatus(USART1, USART_FLAG_TXE) == RESET);
return ch;
}
```

如果要让其他的串口也使用 printf 函数，只需要修改下串口号即可。

6.4.2　printf 函数格式

printf 函数是一个标准库函数，它的函数原型在头文件"stdio.h"中。但作为一个特例，不要求在使用 printf 函数之前必须包含 stdio.h 文件。printf 函数调用的一般形式为

printf（"格式控制字符串"，输出表列）

其中，"格式控制字符串"用于指定输出格式。格式控制串可由格式字符串和非格式字符串两种组成。格式字符串是以%开头的字符串，在%后面跟有各种格式的字符，以说明输出数据的类型、形式、长度、小数位数等。如：

- "%d"表示按十进制整型输出。
- "%ld"表示按十进制长整型输出。
- "%c"表示按字符型输出。

输出表列是需要输出的一系列参数，其个数必须与格式字符串所说明的输出参数个数一样多，各参数之间用"，"分开，且顺序一一对应，否则将会出现意想不到的错误。

非格式字符串原样输出，在显示中起提示作用。输出表列中给出了各个输出项，要求格式字符串和各输出项在数量和类型上应该一一对应。

常用的输出控制符如表 6-13 所示。

表 6-13　常用的输出控制符

格式控制符	说　明
%c	输出一个单一的字符
%hd、%d、%ld	以十进制、有符号的形式输出 short、int、long 类型的整数
%hu、%u、%lu	以十进制、无符号的形式输出 short、int、long 类型的整数
%ho、%o、%lo	以八进制、不带前缀、无符号的形式输出 short、int、long 类型的整数
%#ho、%#o、%#lo	以八进制、带前缀、无符号的形式输出 short、int、long 类型的整数
%hx、%x、%lx %hX、%X、%lX	以十六进制、不带前缀、无符号的形式输出 short、int、long 类型的整数。如果 x 小写，那么输出的十六进制数字也小写；如果 X 大写，那么输出的十六进制数字也大写
%#hx、%#x、%#lx %#hX、%#X、%#lx	以十六进制、带前缀、无符号的形式输出 short、int、long 类型的整数。如果 x 小写，那么输出的十六进制数字和前缀都小写；如果 X 大写，那么输出的十六进制数字和前缀都大写
%f、%lf	以十进制的形式输出 float、double 类型的小数
%e、%le、%E、%lE	以指数的形式输出 float、double 类型的小数。如果 e 小写，那么输出结果中的 e 也小写；如果 E 大写，那么输出结果中的 E 也大写
%g、%lg、%G、%lG	以十进制和指数中较短的形式输出 float、double 类型的小数，并且小数部分的最后不会添加多余的 0。如果 g 小写，那么当以指数形式输出时 g 也小写；如果 G 大写，那么当以指数形式输出时 G 也大写
%s	输出一个字符串

例如，使用 printf 函数输出一个整型数据 1234，则调用格式如下：

```
int data = 1234;
printf("输出整型数据 data = %d\r\n", data);
```

在 KEIL 中使用 printf 一定要勾选"微库"选项(Micro LIB)，否则不会输出。

在 STM32 程序开发中，printf 应用是非常广的，当需要查看某些变量数值或者其他信息等，都可以通过 printf 打印到串口调试助手上查看。

6.5　任务 11　printf 重定向至串口

▶任务目标

本节所要实现的功能是：通过 printf 函数将信息打印在串口调试助手上显示，同时 LED1 指示灯不断闪烁，表示系统正常运行。

6.5.1　硬件设计

本章硬件电路与上一章串口通信实验一样，使用到了 STM32F1 的串口 1 和 LED1 指示灯。

6.5.2　软件设计

程序框架如下：

(1) 初始化 USART1。

(2) 编写 printf 重定向程序。

(3) 编写主函数。

本章软件部分非常简单，只需要在上一章串口通信程序基础上，加上一个 printf 重定向函数即可。下面创建"printf 重定向"工程。

1. 编写 USART1 初始化函数

USART1 串口初始化程序同上一节串口通信实验一样。

2. 编写 printf 重定向函数

初始化 USART1 后，就需要将 fputc 里面的输出指向 STM32 的串口，当使用 printf 函数时，自动会调用 fputc 函数，而 fputc 函数内又将输出设备重定义为 STM32 的 USART1，所以要输出的数据就会在串口 1 上输出。

3. 编写主函数

编写好前面几部分程序后，接下来就可以编写主函数了，代码如下：

```
#include "system.h"
#include "SysTick.h"
#include "led.h"
```

```
#include "usart.h"
int main()
{
    u8 i=0;
    u16 data=1234;
    float fdata=12.34;
    char str[]="Hello World! ";
    SysTick_Init(72);
    NVIC_PriorityGroupConfig(NVIC_PriorityGroup_2);    //中断优先级分组，分 2 组
    LED_Init( );
    USART1_Init(9600);
    while(1)
    {
        i++;
        if(i%20 == 0)
        {
            led1 =! led1;
            printf("输出整型数 data=%d\r\n", data);
            printf("输出浮点型数 fdata=%0.2f\r\n", fdata);
            printf("输出十六进制数 data=%X\r\n", data);
            printf("输出八进制数 data=%o\r\n", data);
            printf("输出字符串 str=%s\r\n", str);
        }
        delay_ms(10);
    }
}
```

主函数实现的功能很简单，首先调用之前编写好的硬件初始化函数，包括 SysTick 系统时钟、中断分组、LED 初始化等；然后调用前面编写的 USART1 初始化函数，这里设定串口通信波特率为 9600 b/s；最后进入 while 循环语句，不断让 D1 指示间隔 200 ms 闪烁，同时通过串口 1 输出一连串字符信息。其实如果你学会了重定向到 USART1，对于其他的串口重定向都是类似的。

6.5.3　工程编译与调试

将工程程序编译后下载到开发板内，可以看到 LED1 指示灯不断闪烁，表示程序正常运行。打开 XCOM，设置好波特率等参数后，XCOM 上即会收到 printf 发送过来的信息。可以得到如图 6-11 所示结果。

图 6-11　printf 重定向实验现象

举 一 反 三

1. 使用 printf 函数，在串口调试助手上打印出九九乘法表。

2. 使用 printf 函数，在串口调试助手上打印杨辉三角。

3. 使用 printf 函数打印出当前 LED 灯的亮灭状态。

4. 查阅资料，使用串口中断接收串口助手发来的数据。

5. 通过串口助手发送数据，控制 LED 灯亮灭。

6. 查阅资料，在不使用重定向 printf 的情况下实现 USART_printf 函数，功能与 printf 一致。

项目 7　模数转换设计与实现

1. 了解 STM32 的 ADC 的主要特点和结构。
2. 了解 STM32 与 ADC 编程相关的寄存器和库函数。
3. 学会使用 STM32 的 ADC 寄存器和库函数，完成 A/D 转换程序设计。
4. 学会利用 STM32 的 ADC 实现模拟电压的采集并在串口上打印出来。

7.1　STM32F1 ADC 介绍

ADC(Analog to Digital Converter)即模数转换器，它可以将模拟信号转换为数字信号。按照转换原理，ADC 主要分为逐次逼近型、双积分型、电压频率转换型三种。STM32F1 的 ADC 为逐次逼近型转换器，其特性参数如下：

- 片内 ADC 个数：3 个独立的 ADC；
- 转换位数：12 位；
- 输入通道：18 个通道(可采集 16 个外部信号源，2 个内部信号源)；
- 各通道的转换模式：单次、连续、扫描或间断模式；
- ADC 转换结果的存储方式：左对齐或右对齐方式存储在 16 位数据寄存器中；
- 内置模拟看门狗：检测输入电压是否超出用户定义的高/低阈值；
- 中断申请：转换结束(EOC)、注入转换结束(JEOC)和发生模拟看门狗(AWD)事件时产生中断；
- 自动校准功能；
- 采样间隔：按通道分别编程设置；
- 转换触发方式：规则转换和注入转换均有外部触发选项；
- DMA 请求：规则通道转换期间可以产生 DMA 请求；
- 片内 3 个 ADC 的工作模式：双重和三重模式(提高采样效率)；
- ADC 的输入时钟频率：不大于 14 MHz，由 PCLK2 分频产生；
- ADC 的转换时间：最快约 1.17 μs(当 PCLK2 为 72 MHz，被 6 分频时)。

7.1.1　STM32F1 ADC 功能描述

图 7-1 为单个 ADC 模块的框图。

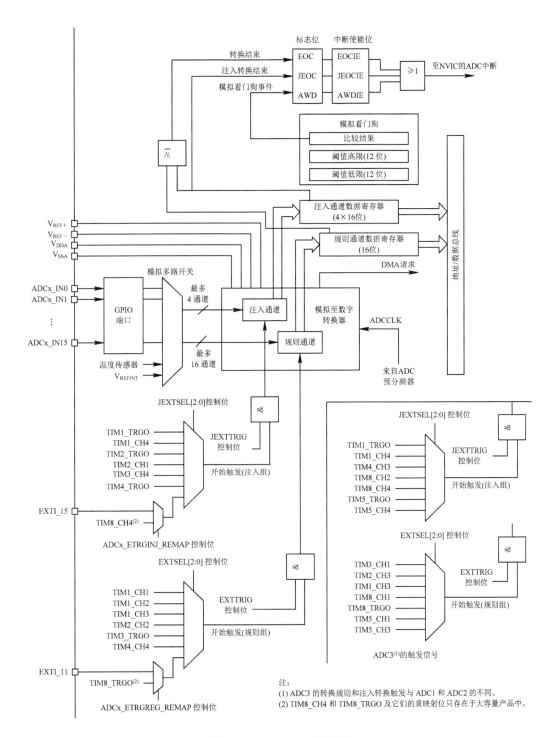

图 7-1 单个 ADC 结构框图

1. ADC 的引脚

表 7-1 为 ADC 引脚的说明。

表 7-1　ADC 引脚

名称	信号类型	注　解
V_{REF+}	输入，模拟参考电压正极	ADC 使用的高端/正极参考电压，$2.4\ V \leqslant V_{REF+} \leqslant V_{DDA}$
V_{DDA}[(1)]	输入，模拟电源	等效于 V_{DD} 的模拟电源且 $2.4\ V \leqslant V_{DDA} \leqslant V_{DD}(3.6\ V)$
V_{REF-}	输入，模拟参考电压负极	ADC 使用的低端/负极参考电压，$V_{REF-} = V_{SSA}$
V_{SSA}[(1)]	输入，模拟电源地	等效于 V_{SS} 的模拟电源地
ADCx_IN[15:0]	模拟输入信号	16 个模拟输入通道

(1)：V_{DDA} 和 V_{SSA} 应该分别连接到 V_{DD} 和 V_{SS}。

1) 电压输入引脚

ADC 输入电压范围为 $V_{REF-} \leqslant VIN \leqslant V_{REF+}$，由 V_{REF-}、V_{REF+}、V_{DDA}、V_{SSA} 这四个外部引脚决定。通常把 V_{SSA} 和 V_{REF-} 接地，把 V_{REF+} 和 V_{DDA} 接 3.3 V，因此 ADC 的输入电压范围为 0～3.3 V。如果想让 ADC 测试负电压或者更高的正电压，可以在外部加一个电压调理电路，把需要转换的电压抬升或者降压到 0～3.3 V，这样就可以用 ADC 测量了。

2) 16 个模拟输入通道

STM32 的 ADC 输入通道多达 18 个，其中外部的 16 个通道就是框图中的 ADCx_IN0～ADCx_IN15(x = 1、2、3，表示 ADC 数)，通过这 16 个外部通道可以采集模拟信号。这 16 个通道对应着不同的 I/O 口，开发板使用的是 64 根引脚封装的 STM32F103RCT6 芯片，该芯片的 ADC 通道分配如表 7-2 所示。其中，ADC1 还有 2 个内部通道：ADC1 的通道 16 连接到了芯片内部的温度传感器，通道 17 连接到了内部参考电压(VREFINT)上。ADC2 和 ADC3 的通道 16、17 全部连接到了内部的 V_{SS} 上。

表 7-2　ADC 通道分配表

通道	ADC1	ADC2	ADC3	通道	ADC1	ADC2	ADC3
ADCx_IN0	PA0	PA0	PA0	ADCx_IN9	PB1	PB1	
ADCx_IN1	PA1	PA1	PA1	ADCx_IN10	PC0	PC0	PC0
ADCx_IN2	PA2	PA2	PA2	ADCx_IN11	PC1	PC1	PC1
ADCx_IN3	PA3	PA3	PA3	ADCx_IN12	PC2	PC2	PC2
ADCx_IN4	PA4	PA4		ADCx_IN13	PC3	PC3	PC3
ADCx_IN5	PA5	PA5		ADCx_IN14	PC4	PC4	
ADCx_IN6	PA6	PA6		ADCx_IN15	PC5	PC5	
ADCx_IN7	PA7	PA7		通道 16	内部温度传感器	内部 VSS	内部 VSS
ADCx_IN8	PB0	PB0		通道 17	内部参考电压 VREFINT	内部 VSS	内部 VSS

2. ADC 的通道选择

ADC 的 16 个多路通道被分成两组：规则组和注入组。在任意多个通道上以任意顺序进行的一系列转换构成成组转换。例如，可以按如下顺序完成转换：通道 3、通道 8、通道 2、通道 2、通道 0、通道 2、通道 2、通道 15。

规则组由多达 16 个通道转换组成。规则通道和它们的转换顺序在规则序列寄存器 ADC_SQRx(x = 1、2、3)中选择。ADC_SQRx(x = 1、2、3)的功能基本一样。规则组中转换的总数应写入 ADC_SQR1 寄存器的 L[3:0]位中。其中,ADC 规则序列寄存器 ADC_SQR1 的定义如图 7-2 所示。

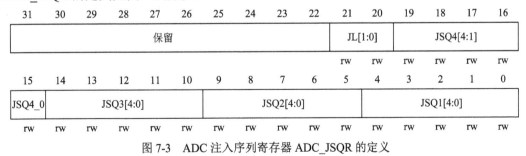

31	30	29	28	27	26	25	24	23	22	21	20	19	18	17	16
保留								L[3:0]				SQ16[4:1]			
								rw	rw	rw	rw	rw	rw	rw	rw

15	14	13	12	11	10	9	8	7	6	5	4	3	2	1	0
SQ16_0	SQ15[4:0]					SQ14[4:0]					SQ13[4:0]				
rw	rw	rw	rw	rw	rw	rw	rw	rw	rw	rw	rw	rw	rw	rw	rw

图 7-2　ADC 规则序列寄存器 ADC_SQR1 的定义

图中:

● 位[31:24]: 保留,必须保持为 0。

● 位[23:20]: L[3:0],为规则通道序列长度。这些位由软件定义,数值反映在规则通道转换序列中的通道数目。取值及含义如下: 0000 表示 1 个转换,0001 表示 2 个转换……1111 表示 16 个转换。

● 位[19:15]: SQ16[4:0],表示规则序列中的第 16 个转换。这些位由软件定义,其值反映转换序列中的第 16 个转换通道的编号(0~17)。

● 位[14:10]: SQ15[4:0],表示规则序列中的第 15 个转换。

● 位[9:5]: SQ14[4:0],表示规则序列中的第 14 个转换。

● 位[4:0]: SQ13[4:0],表示规则序列中的第 13 个转换。

规则通道组序列寄存器有 3 个,分别是 SQR1、SQR2、SQR3。SQR1 控制着规则序列中的第 13 到第 16 个转换,对应位为 SQ13[4:0]~SQ16[4:0];SQR2 控制着规则序列中的第 7 到第 12 个转换,对应的位为 SQ7[4:0]~SQ12[4:0];SQR3 控制着规则序列中的第 1 个到第 6 个转换,对应的位为 SQ1[4:0]~SQ6[4:0]。比如,ADC1_IN12 通道想第一次转换,那么在 SQ1[4:0]写 12 即可。具体使用多少个通道,由 SQR1 的位 L[3:0]决定,最多 16 个通道。

注入通道和它们的转换顺序在 ADC_JSQR 寄存器中选择。ADC 注入序列寄存器 ADC_JSQR 的定义如图 7-3 所示。

31	30	29	28	27	26	25	24	23	22	21	20	19	18	17	16
保留										JL[1:0]		JSQ4[4:1]			
										rw	rw	rw	rw	rw	rw

15	14	13	12	11	10	9	8	7	6	5	4	3	2	1	0
JSQ4_0	JSQ3[4:0]					JSQ2[4:0]					JSQ1[4:0]				
rw	rw	rw	rw	rw	rw	rw	rw	rw	rw	rw	rw	rw	rw	rw	rw

图 7-3　ADC 注入序列寄存器 ADC_JSQR 的定义

图中:

● 位[31:22]: 保留,必须保持为 0。

● 位[21:20]：JL[1:0]，注入通道序列长度。这些位由软件定义，数值反映在注入通道转换序列中的通道数目。取值及含义如下：00 表示 1 个转换，01 表示 2 个转换，10 表示 3 个转换，11 表示 4 个转换。

● 位[19:15]：JSQ4[4:0]，注入序列中的第 4 个转换。这些位由软件定义，其值反映注入序列中的第 4 个转换通道的编号(0～17)。

● 位[14:10]：JSQ3[4:0]，注入序列中的第 3 个转换。

● 位[9:5]：JSQ2[4:0]，注入序列中的第 2 个转换。

● 位[4:0]：JSQ1[4:0]，注入序列中的第 1 个转换。

注入通道组序列寄存器 ADC_JSQR 最多支持 4 个通道，具体多少个由 JSQR 的 JL[1:0] 决定。不同于规则转换序列，注入通道的转换顺序从 4－JL 开始，比如当 JL=2，有 3 次注入转换时，ADC 的转换顺序为 JSQ2[4:0]、JSQ3[4:0]和 JSQ4[4:0]。

3. ADC 转换触发源

选择好输入通道，设置好转换顺序，接下来就可以开始转换。要开启 ADC 转换，可以直接设置 ADC 控制寄存器 ADC_CR2 的 ADON 位为 1，即使能 ADC。

ADC 控制寄存器 ADC_CR2 的定义如图 7-4 所示。

图 7-4　ADC 控制寄存器 ADC_CR2 的定义

图中：

● 位[23]：TSVREFE，温度传感器和 VREFINT 使能位，该位由软件设置和清除，用于开启或禁止温度传感器和 VREFINT 通道。取值及含义如下：0 表示禁止温度传感器和 VREFINT，1 表示启用温度传感器和 VREFINT。

● 位[22]：SWSTART，开始转换规则通道位，由软件设置该位以启动转换，转换开始后硬件马上清除此位。如果在 EXTSEL[2:0]位中选择了 SWSTART 为触发事件，该位用于启动一组规则通道的转换。取值及含义如下：0 表示复位状态，1 表示开始转换规则通道。

● 位[21]：JSWSTART，开始转换注入通道位，由软件设置该位以启动转换，软件可清除此位或在转换开始后硬件马上清除此位。如果在 JEXTSEL[2:0]位中选择了 JSWSTART 为触发事件，该位用于启动一组注入通道的转换。取值及含义如下：0 表示复位状态，1 表示开始转换注入通道。

● 位[20]：EXTTRIG，规则通道的外部触发转换模式位，该位由软件设置和清除，用于开启或禁止可以启动规则通道组转换的外部触发事件。取值及含义如下：0 表示不用外部事件启动转换，1 表示使用外部事件启动转换。

● 位[19:17]：EXTSEL[2:0]，启动规则通道组转换的外部事件的选择位，详细的转换关系如表 7-3 所示。

表 7-3　选择启动规则通道组转换的外部事件

位 19:17	EXTSEL[2:0]：启动规则通道组转换的外部事件的选择位，这 3 位选择用于启动规则通道组转换的外部事件。 ADC1 和 ADC2 的触发配置如下： 000：定时器 1 的 CC1 事件；001：定时器 1 的 CC2 事件； 010：定时器 1 的 CC3 事件；011：定时器 2 的 CC2 事件； 100：定时器 3 的 TRGO 事件；101：定时器 4 的 CC4 事件； 110：　EXTI 线 11/ TIM8_TRGO 事件，仅大容量产品具有 TIM8_TRGO 功能； 111：　SWSTART ADC3 的触发配置如下： 000：定时器 3 的 CC1 事件；001：定时器 2 的 CC3 事件； 010：定时器 1 的 CC3 事件；011：定时器 8 的 CC1 事件； 100：定时器 8 的 TRGO 事件；101：定时器 5 的 CC1 事件； 110：定时器 5 的 CC3 事件；111：　SWSTART

● 位[15]：JEXTTRIG，注入通道的外部触发转换模式位，该位由软件设置和清除，用于开启或禁止可以启动注入通道组转换的外部触发事件。取值及含义如下：0 表示不用外部事件启动转换，1 表示使用外部事件启动转换。

● 位[11]：ALIGN，数据对齐方式位，该位由软件设置和清除。取值及含义如下：0 表示右对齐，1 表示左对齐。

SEXT 位是扩展的符号值。数据右对齐、数据左对齐如图 7-5 和图 7-6 所示。

注入组

SEXT	SEXT	SEXT	SEXT	D11	D10	D9	D8	D7	D6	D5	D4	D3	D2	D1	D0

规则组

0	0	0	0	D11	D10	D9	D8	D7	D6	D5	D4	D3	D2	D1	D0

图 7-5　数据右对齐

注入组

SEXT	D11	D10	D9	D8	D7	D6	D5	D4	D3	D2	D1	D0	0	0	0

规则组

D11	D10	D9	D8	D7	D6	D5	D4	D3	D2	D1	D0	0	0	0	0

图 7-6　数据左对齐

图中：

● 位[1]：CONT，连续转换模式位，该位由软件设置和清除。如果设置了此位，则转换将连续进行直到该位被清除。取值及含义如下：0 表示单次转换模式，1 表示连续转换模式。

● 位[0]：ADON，开/关 A/D 转换器，该位由软件设置和清除。取值及含义如下：0 表示关闭 ADC 转换/校准并进入断电模式，1 表示开启 ADC 并启动转换。

4. ADC 时钟

ADC 输入时钟 ADC_CLK 由 APB2 经过分频产生，最大值是 14 MHz，分频因子由 RCC 时钟配置寄存器 RCC_CFGR 的位[15:14]：ADCPRE[1:0]设置，可以是 2/4/6/8 分频。时钟配置寄存器 RCC_CFGR 如图 7-7 所示。

31	30	29	28	27	26	25	24	23	22	21	20	19	18	17	16
保留					MCO[2:0]			保留	USB PRE	PLLMUL[3:0]				PLL XTPRE	PLL SRC
								rw	rw	rw	rw	rw	rw	rw	rw

15	14	13	12	11	10	9	8	7	6	5	4	3	2	1	0
ADCPRE[1:0]		PPRE2[2:0]			PPRE1[2:0]			HPRE[3:0]				SWS[1:0]		SW[1:0]	
rw	rw	rw	rw	rw	rw	rw	rw	rw	rw	rw	rw	rw	rw	rw	rw

图 7-7　时钟配置寄存器

图中，位[15:14]，即 ADCPRE[1:0]，为 ADC 预分频位，由软件置"1"或清"0"来确定 ADC 时钟频率。取值及含义如下：

00：PCLK2 2 分频后作为 ADC 时钟；

01：PCLK2 4 分频后作为 ADC 时钟；

10：PCLK2 6 分频后作为 ADC 时钟；

11：PCLK2 8 分频后作为 ADC 时钟。

知道 APB2 总线时钟为 72 MHz，而 ADC 最大工作频率为 14 MHz，所以一般设置分频因子为 6，这样 ADC 的输入时钟为 12 MHz。ADC 要完成对输入电压的采样需要若干个 ADC_CLK 周期，采样的周期数可通过 ADC 采样时间寄存器 ADC_SMPR1 和 ADC_SMPR2 中的 SMP[2:0]位设置，ADC_SMPR2 控制的是通道 0~9，ADC_SMPR1 控制的是通道 10~17。ADC 采样时间寄存器 1(ADC_SMPR1)和 ADC 采样时间寄存器 2(ADC_SMPR2)的定义如图 7-8 和图 7-9 所示。

31	30	29	28	27	26	25	24	23	22	21	20	19	18	17	16
保留								SMP17[2:0]			SMP16[2:0]			SMP15[2:1]	
								rw	rw	rw	rw	rw	rw	rw	rw

15	14	13	12	11	10	9	8	7	6	5	4	3	2	1	0
SMP15_0	SMP14[2:0]			SMP13[2:0]			SMP12[2:0]			SMP11[2:0]			SMP10[2:0]		
rw	rw	rw	rw	rw	rw	rw	rw	rw	rw	rw	rw	rw	rw	rw	rw

图 7-8　ADC 采样时间寄存器 1(ADC_SMPR1)

31	30	29	28	27	26	25	24	23	22	21	20	19	18	17	16
保留		SMP9[2:0]			SMP8[2:0]			SMP7[2:0]			SMP6[2:0]			SMP5[2:1]	
								rw	rw	rw	rw	rw	rw	rw	rw

15	14	13	12	11	10	9	8	7	6	5	4	3	2	1	0
SMP5_0	SMP4[2:0]			SMP3[2:0]			SMP2[2:0]			SMP1[2:0]			SMP0[2:0]		
rw	rw	rw	rw	rw	rw	rw	rw	rw	rw	rw	rw	rw	rw	rw	rw

图 7-9　ADC 采样时间寄存器 2(ADC_SMPR2)

图中，位 SMPx[2:0]为选择通道 x 的采样时间。这些位用于独立地选择每个通道的采样时间。取值及含义如下：

000：1.5 周期；　　　　100：41.5 周期；

001：7.5 周期；　　　　101：55.5 周期；

010：13.5 周期；　　　 110：71.5 周期；

011：28.5 周期；　　　 111：239.5 周期。

在采样周期中通道选择位必须保持不变。

每个通道可以分别用不同的时间采样。其中，采样周期最小是 1.5 个，即如果要达到最快的采样，那么应该设置采样周期为 1.5 个周期，这里说的周期就是 1/ADC_CLK。ADC 的总转换时间跟 ADC 的输入时钟和采样时间有关，其公式如下：

$$\text{Tconv} = 采样时间 + 12.5 个周期 \tag{7-1}$$

其中，Tconv 为 ADC 总转换时间。当 ADC_CLK = 14 MHz 时，设置 1.5 个周期的采样时间，则 Tconv = 1.5 + 12.5 = 14 个周期 = 1 μs。通常经过 ADC 预分频器能分频到最大的时钟只能是 12 MHz，采样周期设置为 1.5 个周期，算出最短的转换时间为 1.17 μs，这个才是最常用的。

5. ADC 的数据寄存器

ADC 转换后的数据根据转换组的不同存入不同的数据寄存器，规则组的数据放在 ADC_DR 寄存器内，注入组的数据放在 ADC_JDRx(x = 1···4)内。因为 STM32F1 的 ADC 是 12 位转换精度，而数据寄存器是 16 位，所以 ADC 在存放数据的时候就有左对齐和右对齐之分。如果是左对齐，AD 转换完成数据存放在 ADC_DR 寄存器的[4:15]位内；如果是右对齐，则存放在 ADC_DR 寄存器的[0:11]位内。具体选择何种存放方式，需通过 ADC_CR2 的 11 位 ALIGN 设置。在规则组中，含有 16 路通道，对应着存放规则数据的寄存器只有 1 个，如果使用多通道转换，转换后的数据又都只能存放在同一个 ADC_DR 寄存器内，那么，前一个时间点转换的通道数据，就会被下一个时间点的另外一个通道转换的数据覆盖掉。通过 ADC 状态寄存器 ADC_SR 获取当前 ADC 转换的进度状态，当通道转换完成后，就应该把数据传输到内存保存，从而避免了数据被覆盖。而在注入组中，最多含有 4 路通道，对应着存放注入数据的寄存器正好有 4 个，不会出现规则寄存器那样数据被覆盖的问题。ADC 规则数据寄存器(ADC_DR)、ADC 注入数据寄存器 x(ADC_JDRx)(x=1···4)和 ADC 状态寄存器(ADC_SR)的定义分别如图 7-10、图 7-11、图 7-12 所示。

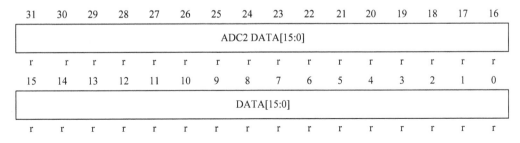

31	30	29	28	27	26	25	24	23	22	21	20	19	18	17	16
ADC2 DATA[15:0]															
r	r	r	r	r	r	r	r	r	r	r	r	r	r	r	r
15	14	13	12	11	10	9	8	7	6	5	4	3	2	1	0
DATA[15:0]															
r	r	r	r	r	r	r	r	r	r	r	r	r	r	r	r

图 7-10　ADC 规则数据寄存器(ADC_DR)

图中：

● 位[31:16]：ADC2 DATA[15:0]，为 ADC2 转换的结果数据。在 ADC1 中，双模式下，这些位包含了 ADC2 转换的规则通道数据；在 ADC2 和 ADC3 中不使用这些位。

● 位[15:0]：DATA[15:0]，规则转换的数据。这些位为只读，包含了规则通道的转换结果，数据存放方式为左对齐或右对齐。

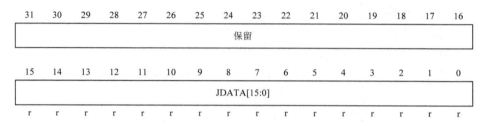

图 7-11　ADC 注入数据寄存器 x(ADC_JDRx)(x = 1···4)

图中，JDATA[15:0]为注入通道转换的数据。这些位为只读，包含了注入通道的转换结果，数据存放方式为左对齐或右对齐。

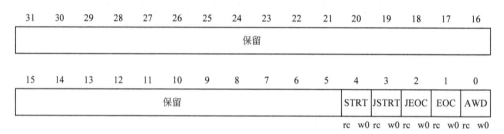

图 7-12　ADC 状态寄存器(ADC_SR)

图中：

● 位[4]：STRT，规则通道开始位。该位由硬件在规则通道组转换开始时置位，由软件"读"或写"0"操作清除。取值及含义如下：0 表示规则通道转换未开始，1 表示规则通道转换已开始。

● 位[3]：JSTRT，注入通道开始位。该位由硬件在注入通道组转换开始时置位，由软件"读"或写"0"操作清除。取值及含义如下：0 表示注入通道组转换未开始，1 表示注入通道组转换已开始。

● 位[2]：JEOC，注入通道转换结束位。该位由硬件在所有注入通道组转换结束时置位，由软件"读"或写"0"操作清除。取值及含义如下：0 表示转换未完成，1 表示转换完成。

● 位[1]：EOC，转换结束位，该位由硬件在(规则或注入)通道组转换结束时置位，由软件清除或由读取 ADC_DR 时清除。取值及含义如下：0 表示转换未完成，1 表示转换完成。

6. ADC 中断

当发生如下事件且使能相应中断标志位时，ADC 能产生中断。

(1) 规则转换结束或注入转换结束后，如果已使能中断转换结束标志位，转换一结束就会产生转换结束中断。

(2) 模拟看门狗事件。

当被 ADC 转换的模拟电压低于低阈值或者高于高阈值时，就会产生中断，前提是开启了模拟看门狗中断，其中高阈值和低阈值由 ADC 看门狗高阈值寄存器(ADC_HTR)和 ADC 看门狗低阈值寄存器(ADC_LRT)设置。

7.1.2 ADC 配置步骤

ADC 相关库函数在 stm32f10x_adc.c 和 stm32f10x_adc.h 文件中。具体配置步骤如下：

1) 使能端口时钟和 ADC 时钟，设置引脚模式为模拟输入

ADCx_IN0～ADCx_IN15 属于外部通道，每个通道都对应 STM32F1 芯片的一个引脚，比如 ADC1_IN1 对应 PA1 引脚，所以首先要使能 GPIOA 端口时钟和 ADC1 时钟，代码如下：

    RCC_APB2PeriphClockCmd(RCC_APB2Periph_GPIOA | RCC_APB2Periph_ADC1, ENABLE);
然后将 PA1 引脚配置为模拟输入模式，代码如下：

    GPIO_InitStructure.GPIO_Mode = GPIO_Mode_AN;   //模拟输入模式
GPIO 的初始化在前面很多章节中都介绍过，这里不再赘述。

2) 设置 ADC 的分频因子

开启 ADC1 时钟之后，就可以通过时钟配置寄存器 RCC_CFGR 设置 ADC 的分频因子。设置 ADC 的分频因子的库函数为 RCC_ADCCLKConfig，表 7-4 为库函数 RCC_ADCCLKConfig 的定义。

表 7-4 库函数 RCC_ADCCLKConfig 的定义

函数名	RCC_ADCCLKConfig
函数原型	void ADC_ADCCLKConfig(u32 RCC_ADCCLKSource)
功能描述	设置 ADC 时钟(ADCCLK)
输入参数	RCC_ADCCLKSource：定义 ADCCLK，该时钟源来自 APB2 时钟(PCLK2)

输入参数 RCC_ADCCLKSource，该参数设置了 ADCCLK，表 7-5 给出了该参数可取的值。

表 7-5 输入参数 RCC_ADCCLKSource 的值

RCC_ADCCLKSource 取值	描　　　述
RCC_PCLK2_Div2	ADC 时钟 = PCLK/2
RCC_PCLK2_Div4	ADC 时钟 = PCLK/4
RCC_PCLK2_Div6	ADC 时钟 = PCLK/6
RCC_PCLK2_Div8	ADC 时钟 = PCLK/8

分频因子要确保 ADC 的时钟(ADCCLK)不要超过 14 MHz，设置分频因子为 6，因此 ADC 时钟为 72/6 = 12 MHz，代码如下：

    RCC_ADCCLKConfig(RCC_PCLK2_Div6);

3) 初始化 ADC 参数

要使用 ADC，需要配置 ADC 的转换模式、触发方式、数据对齐方式、规则序列等参

数，这些参数的配置是通过库函数 ADC_Init 实现的。表 7-6 为库函数 ADC_Init 的定义。

表 7-6　库函数 ADC_Init 的定义

函数名	ADC_Init
函数原型	Void ADC_Init(ADC_TypeDef*ADCx, ADC_InitTypeDef*ADC_InitStruct)
功能描述	根据 ADC_InitStruct 中指定的参数初始化外设 ADCx 的寄存器
输入参数 1	ADCx：x 可以是 1 或者 2，用于选择 ADC 外设 ADC1 或 ADC2
输入参数 2	ADC_InitStruct：指向结构体 ADC_InitTypeDef 的指针，包含了指定外设 ADC 的配置信息

函数中第一个参数用来选择 ADC 外设 ADC1 或 ADC2；第二个参数是一个结构体指针变量，结构体类型是 ADC_InitTypeDef，其内包含了 ADC 初始化的成员变量。

下面简单介绍这个结构体：ADC_InitTypeDef 定义于文件"stm32f10x_adc.h"中，代码如下：

```
typedef struct
{
    u32 ADC_Mode;
    FunctionalState ADC_ScanConvMode;
    FunctionalState ADC_ContinuousConvMode;
    u32 ADC_ExternalTrigConv;
    u32 ADC_DataAlign;
    u8 ADC_NbrOfChannel;
}ADC_InitTypeDef
```

其中：

(1) ADC_Mode：设置 ADC 的工作在独立模式或者双 ADC 模式。表 7-7 列出了这个参数的所有取值。

表 7-7　ADC_Mode 的取值

ADC_Mode 取值	描　　述
ADC_Mode_Independent	ADC1 和 ADC2 工作在独立模式
ADC_Mode_RegInjecSimult	ADC1 和 ADC2 工作在同步规则和同步注入模式
ADC_Mode_RegSimult_AlterTrig	ADC1 和 ADC2 工作在同步规则模式和交替触发模式
ADC_Mode_InjecSimult_FastInterl	ADC1 和 ADC2 工作在同步规则模式和快速交替模式
ADC_Mode_InjecSimult_SlowInterl	ADC1 和 ADC2 工作在同步注入模式和慢速交替模式
ADC_Mode_InjecSimult	ADC1 和 ADC2 工作在同步注入模式
ADC_Mode_RegSimult	ADC1 和 ADC2 工作在同步规则模式
ADC_Mode_FastInterl	ADC1 和 ADC2 工作在快速交替模式
ADC_Mode_SlowInterl	ADC1 和 ADC2 工作在慢速交替模式
ADC_Mode_AlterTrig	ADC1 和 ADC2 工作在交替触发模式

其中:

● ADC_ScanConvMode: 规定了模数转换工作在扫描模式(多通道)还是单次模式(单通道)。可以设置这个参数为 ENABLE 或者 DISABLE。

● ADC_ContinuousConvMode: 规定了模数转换工作在连续还是单次模式。可以设置这个参数为 ENABLE 或者 DISABLE。

(2) ADC_ExternalTrigConv: 定义了使用外部触发来启动规则通道的模数转换。这个参数可以取的值见表 7-8。

表 7-8　ADC_ExternalTrigConv 的取值

ADC_ExternalTrigConv 取值	描　　　述
ADC_ExternalTrigConv_T1_CC1	选择定时器 1 的捕获比较 1 作为转换外部触发
ADC_ExternalTrigConv_T1_CC2	选择定时器 1 的捕获比较 2 作为转换外部触发
ADC_ExternalTrigConv_T1_CC3	选择定时器 1 的捕获比较 3 作为转换外部触发
ADC_ExternalTrigConv_T2_CC2	选择定时器 2 的捕获比较 2 作为转换外部触发
ADC_ExternalTrigConv_T3_TRGO	选择定时器 3 的 TRGO 作为转换外部触发
ADC_ExternalTrigConv_T4_CC4	选择定时器 4 的捕获比较 4 作为转换外部触发
ADC_ExternalTrigConv_Ext_IT11	选择外部中断线 11 事件作为转换外部触发
ADC_ExternalTrigConv_None	转换由软件而不是外部触发启动

(3) ADC_DataAlign: 规定了 ADC 数据存放方式向左边对齐还是向右边对齐。这个参数可以的取值如表 7-9 所示。

表 7-9　ADC_DataAlign 的取值

ADC_DataAlign 取值	描　　　述
ADC_DataAlign_Right	ADC 数据右对齐
ADC_DataAlign_Left	ADC 数据左对齐

(4) ADC_NbreOfChannel: 规定了顺序进行规则转换的 ADC 通道的数目(1~16)。

4) 使能 ADC 并校准

只有开启 ADC 并且复位校准了才能让它正常工作。开启 ADC 的库函数 ADC_Cmd 的定义如表 7-10 所示。

表 7-10　库函数 ADC_Cmd 的定义

函数名	ADC_Cmd
函数原型	void ADC_Cmd(ADC_TypeDef* ADCx, FunctionalState NewState)
功能描述	使能或者失能指定的 ADC
输入参数 1	ADCx: x 可以是 1 或者 2, 用于选择 ADC 外设 ADC1 或 ADC2
输入参数 2	NewState: 外设 ADCx 的新状态, 可以为 ENABLE 或者 DISABLE

开启 ADC1 代码如下：

```
ADC_Cmd(ADC1,ENABLE);                    //开启 AD 转换器
```

执行复位校准的库函数 ADC_ResetCalibration 的定义如表 7-11 所示。

表 7-11　ADC_ResetCalibration 库函数的定义

函数名	ADC_ResetCalibration
函数原型	void ADC_ResetCalibration(ADC_TypeDef* ADCx)
功能描述	重置指定的 ADC 的校准寄存器
输入参数	ADCx：x 可以是 1 或者 2，用于选择 ADC 外设 ADC1 或 ADC2

重置 ADC1 的校准寄存器的代码如下：

```
ADC_ResetCalibration(ADC1);              //重置 ADC1 的校准寄存器
```

执行 ADC 校准的库函数 ADC_StartCalibration 的定义如表 7-12 所示。

表 7-12　库函数 ADC_StartCalibration 的定义

函数名	ADC_StartCalibration
函数原型	void ADC_StartCalibration(ADC_TypeDef* ADCx)
功能描述	开始指定 ADC 的校准状态
输入参数	ADCx：x 可以是 1 或者 2，用于选择 ADC 外设 ADC1 或 ADC2

开始指定 ADC1 的校准状态代码如下：

```
ADC_StartCalibration(ADC1);              //开始指定 ADC1 的校准状态
```

每次进行校准之后要等待校准结束。这里是通过获取校准状态来判断校准是否结束的。库函数 ADC_GetCalibrationStatus 的定义如表 7-13 所示。

表 7-13　库函数 ADC_GetCalibrationStatus 的定义

函数名	ADC_GetCalibrationStatus
函数原型	FlagStatus ADC_GetCalibrationStatus(ADC_TypeDef* ADCx)
功能描述	获取指定 ADC 的校准程序
输入参数	ADCx：x 可以是 1 或者 2，用于选择 ADC 外设 ADC1 或 ADC2
输出参数	无
返回值	ADC 校准的新状态(SET 或者 RESET)

ADC 校准的等待结束的代码如下：

```
while(ADC_GetCalibrationStatus(ADC1));   //等待校准结束
```

5) 读取 ADC 转换值

首先设置规则序列里面的通道、采样顺序以及通道的采样周期，然后启动 ADC 转换。转换结束后，即可读取转换结果值。

设置规则序列通道以及采样周期的库函数 ADC_RegularChannelConfig 的定义如表

7-14 所示。

表 7-14 库函数 ADC_RegularChannelConfig 的定义

函数名	ADC_RegularChannelConfig
函数原型	void ADC_RegularChannelConfig(ADC_TypeDef* ADCx, u8 ADC_Channel, u8 Rank, u8 ADC_SampleTime)
功能描述	设置指定 ADC 的规则组通道,设置它们的转化顺序和采样时间
输入参数 1	ADCx:x 可以是 1 或者 2,用于选择 ADC 外设 ADC1 或 ADC2
输入参数 2	ADC_Channel:被设置的 ADC 通道
输入参数 3	Rank:规则组采样顺序。取值范围为 1~16
输入参数 4	ADC_SampleTime:指定 ADC 通道的采样时间值

参数 1 用来选择 ADC;参数 2 用来选择规则序列里面的通道,可以为 ADC_Channel_0~ADC_Channel_17;参数 3 用来设置转换通道的数量;参数 4 用来设置采样周期。

参数 4 ADC_SampleTime 采样时间的设置详见表 7-15 所示。

表 7-15 ADC_SampleTime 的取值

ADC_SampleTime 取值	描 述
ADC_SampleTime_1Cycles5	采样时间为 1.5 周期
ADC_SampleTime_7Cycles5	采样时间为 7.5 周期
ADC_SampleTime_13Cycles5	采样时间为 13.5 周期
ADC_SampleTime_28Cycles5	采样时间为 28.5 周期
ADC_SampleTime_41Cycles5	采样时间为 41.5 周期
ADC_SampleTime_55Cycles5	采样时间为 55.5 周期
ADC_SampleTime_71Cycles5	采样时间为 71.5 周期
ADC_SampleTime_239Cycles5	采样时间为 239.5 周期

例如,本实验中 ADC1_IN1 单次转换,采样周期为 239.5,代码如下:

```
ADC_RegularChannelConfig(ADC1, ADC_Channel_1, 1, ADC_SampleTime_239Cycles5);
```

设置好规则序列通道及采样周期,接下来就要开启转换,由于采用的是软件触发,使用库函数 ADC_SoftwareStartConvCmd 完成启动转换。该库函数的定义如表 7-16 所示。

表 7-16 库函数 ADC_SoftwareStartConvCmd 的定义

函数名	ADC_SoftwareStartConvCmd
函数原型	void ADC_SoftwareStartConvCmd(ADC_TypeDef* ADCx, FunctionalState NewState)
功能描述	使能或者失能指定的 ADC 的软件转换启动功能
输入参数 1	ADCx:x 可以是 1 或者 2,用于选择 ADC 外设 ADC1 或 ADC2
输入参数 2	NewState:指定 ADC 的软件转换启动新状态,可以取 ENABLE 或者 DISABLE

例如,要开启 ADC1 转换,调用函数为

```
ADC_SoftwareStartConvCmd(ADC1,ENABLE);    //使能指定的 ADC1 的软件转换启动功能
```

开启转换之后,就可以使用库函数 ADC_GetConversionValue 获取 ADC 转换结果数据。该函数的定义如表 7-17 所示。

表 7-17　库函数 ADC_GetConversionValue 的定义

函数名	ADC_GetConversionValue
函数原型	u16 ADC_GetConversionValue(ADC_TypeDef* ADCx)
功能描述	返回最近一次 ADCx 规则组的转换结果
输入参数	ADCx：x 可以是 1 或者 2，用于选择 ADC 外设 ADC1 或 ADC2
输出参数	无
返回值	转换结果

例如，要获取 ADC1 的转换结果，调用函数如下：

ADC_GetConversionValue(ADC1);

在 AD 转换中，还要根据状态寄存器的标志位来获取 AD 转换的各个状态信息。获取 AD 转换的状态信息的库函数 ADC_GetFlagStatus 的定义如表 7-18 所示。

表 7-18　库函数 ADC_GetFlagStatus 的定义

函数名	ADC_GetFlagStatus
函数原型	FlagStatus ADC_GetFlagStatus(ADC_TypeDef* ADCx, u8 ADC_FLAG)
功能描述	检查制定 ADC 标志位置 1 与否
输入参数 1	ADCx：x 可以是 1 或者 2，用于选择 ADC 外设 ADC1 或 ADC2
输入参数 2	ADC_FLAG：指定需检查的标志位

表 7-19 给出了 ADC_FLAG 的取值。

表 7-19　ADC_FLAG 的值

ADC_FLAG 取值	描　　述
ADC_FLAG_AWD	模拟看门狗标志位
ADC_FLAG_EOC	转换结束标志位
ADC_FLAG_JEOC	注入组转换结束标志位
ADC_FLAG_JSTRT	注入组转换开始标志位
ADC_FLAG_STRT	规则组转换开始标志位

例如，要判断 ADC1 的转换是否结束，方法是：

while(!ADC_GetFlagStatus(ADC1, ADC_FLAG_EOC));　　　　　　//等待转换结束

将以上几步全部配置好后，就可以正常使用 ADC 执行转换操作了。

7.2　任务 12　基于库函数的 STM32F1 ADC 控制设计

▶任务目标

通过 ADC1 通道 1 采样外部电压值，将采样的 AD 值和转换后的电压值通过串口打印

出来,同时 LED1 指示灯闪烁,提示系统正常运行。

7.2.1　硬件设计

ADC1 对应芯片的 PA1 引脚,将该引脚外部直接连接到电位器上,调节电位器即可改变电压,通过 ADC 转换即可检测此电压值。开发板上的 ADC 电路如图 7-13 所示。

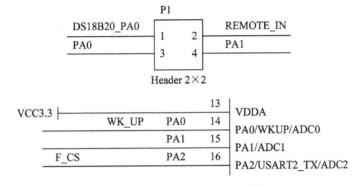

图 7-13　开发板上的 ADC 电路图

7.2.2　软件设计

STM32F1ADC 转换模式有单次转换与连续转换之分。在单次转换模式下,ADC 执行一次转换,可以通过 ADC_CR2 寄存器的 SWSTART 位(只适用于规则通道)启动,也可以通过外部触发启动(适用于规则通道和注入通道),这时 CONT 位为"0"。以规则通道为例,一旦所选择的通道转换完成,转换结果将被存在 ADC_DR 寄存器中,EOC(转换结束)标志将被置位,如果设置了 EOCIE,则会产生中断,ADC 将停止,直到下次启动。在连续转换模式下,ADC 结束一个转换后立即启动一个新的转换。CONT 位为"1"时,可通过外部触发或将 ADC_CR2 寄存器中的 SWSTART 位置"1"来启动此模式(仅适用于规则通道)。需要注意的是:此模式无法连续转换注入通道。连续模式下唯一的例外情况是,注入通道配置为在规则通道之后自动转换(使用 JAUTO 位)。本任务程序中使用的是规则通道组的单次转换模式。

程序框架如下:

(1) 初始化 ADC1_IN1 相关参数,开启 ADC1。

(2) 编写获取 ADC1_IN1 的 AD 转换值函数。

(3) 编写主函数。

创建"ADC 模数转换"工程,在 APP 工程组中添加 adc.c 文件,在 StdPeriph_Driver 工程组中添加 ADC 操作的库函数 stm32f10x_adc.c 和 stm32f10x_adc.h,同时还要包含对应的头文件路径。

1. 编写 ADC1 初始化函数

ADC1_IN1 初始化代码如下:

```
void ADCx_Init(void)
{
```

```
    GPIO_InitTypeDef GPIO_InitStructure;                //定义结构体变量
    ADC_InitTypeDef   ADC_InitStructure;
    RCC_APB2PeriphClockCmd(RCC_APB2Periph_GPIOA | RCC_APB2Periph_ADC1, ENABLE);
    RCC_ADCCLKConfig(RCC_PCLK2_Div6);       //设置 ADC 分频因子 6，72 MHz/6 = 12 MHz，
                                            //ADC 最高频率不能超过 14 MHz
    GPIO_InitStructure.GPIO_Pin = GPIO_Pin_1;           //ADC
    GPIO_InitStructure.GPIO_Mode = GPIO_Mode_AIN;       //模拟输入
    GPIO_InitStructure.GPIO_Speed = GPIO_Speed_50 MHz;
    GPIO_Init(GPIOA, &GPIO_InitStructure);
    ADC_InitStructure.ADC_Mode = ADC_Mode_Independent;
    ADC_InitStructure.ADC_ScanConvMode = DISABLE;           //非扫描模式
    ADC_InitStructure.ADC_ContinuousConvMode = DISABLE;     //关闭连续转换
    ADC_InitStructure.ADC_ExternalTrigConv = ADC_ExternalTrigConv_None;   //使用软件触发
    ADC_InitStructure.ADC_DataAlign = ADC_DataAlign_Right;      //右对齐
    ADC_InitStructure.ADC_NbrOfChannel = 1; //1 个转换在规则序列中，也就是只转换规则序列 1
    ADC_Init(ADC1, &ADC_InitStructure);    //ADC 初始化
    ADC_Cmd(ADC1, ENABLE);                 //开启 AD 转换器
    ADC_ResetCalibration(ADC1);          //重置 ADC1 的校准寄存器
    while(ADC_GetResetCalibrationStatus(ADC1));       //获取 ADC1 重置校准寄存器的状态
    ADC_StartCalibration(ADC1);                   //开始 ADC1 的校准状态
    while(ADC_GetCalibrationStatus(ADC1));        //获取 ADC1 的校准状态
    ADC_SoftwareStartConvCmd(ADC1, ENABLE);      //使能 ADC1 的软件转换启动功能
    }
```

在 ADCx_Init()函数中，首先使能 GPIOA 端口和 ADC1 时钟，并配置 PA1 为模拟输入模式，然后初始化 ADC_InitStructure 结构体，最后开启 ADC1。

2. 编写获取 ADC1_IN1 的 AD 转换值函数

读取 AD 转换值的代码如下：

```
    u16 Get_ADC_Value(u8 ch, u8 times)
    {
    u32 temp_val=0;
    u8 t;
    //设置指定 ADC 的规则组通道，一个序列，采样时间
    ADC_RegularChannelConfig(ADC1, ch, 1, ADC_SampleTime_239Cycles5);   //ADC1, ADC
    for(t=0;t<times;t++)
    {
      ADC_SoftwareStartConvCmd(ADC1, ENABLE);       //使能 ADC1 的软件转换启动功能
      while(!ADC_GetFlagStatus(ADC1, ADC_FLAG_EOC )); //等待转换结束
      temp_val+=ADC_GetConversionValue(ADC1);
```

```
        delay_ms(5);
    }
    return temp_val/times;
}
```

Get_ADC_Value 函数有两个参数，ch 表示 ADC1 转换的通道，times 表示转换次数，用于取平均，提高数据准确性。函数内首先调用 ADC_RegularChannelConfig 函数，指定 ADC 规则组通道、规则序号、采样周期；然后调用 ADC_SoftwareStartConvCmd 函数启动 ADC1 转换，等待转换完成后，读取 ADC1 的转换值；最后将 AD 转换值取平均后返回。由于 ADC1 最大为 12 位精度，所以返回值类型为 u16 即可。

3. 编写主函数

主函数代码如下：

```
int main()
{
    u8 i=0;
    u16 value=0;
    float vol;
    SysTick_Init(72);
    NVIC_PriorityGroupConfig(NVIC_PriorityGroup_2);    //中断优先级分组，分 2 组
    LED_Init();
    USART1_Init(9600);
    ADCx_Init();
    while(1)
    {
        i++;
        if(i%20 == 0)
        {
            led1 =! led1;
        }
        if(i%50 == 0)
        {
            value = Get_ADC_Value(ADC_Channel_1,20);
            printf("检测 AD 值为：%d\r\n",value);
            vol = (float)value*(3.3/4096);
            printf("检测电压值为：%.2fV\r\n",vol);
        }
        delay_ms(10);
    }
}
```

主函数首先调用硬件初始化函数，包括 SysTick 系统时钟、中断分组、LED 初始化等；然后调用 ADCx_Init 函数初始化 ADC1_IN1；最后进入 while 循环，间隔 500 ms 读取一次通道 1 的转换值，将 AD 转换值 value*(3.3/4096)转换为电压值输出。因为使用的 ADC1 为 12 位转换精度，最大值为 4096，而 ADC 的参考电压 VREF+为 3.3 V，所以知道 AD 转换值就可以计算对应的电压值 vol，这里要注意，最后计算结果要强制转换为浮点类型，否则得不到小数点后面的数据。LED1 指示灯会间隔 200 ms 闪烁，提示系统正常运行。

7.2.3　工程编译与调试

将工程程序编译后下载到开发板内，可以看到 LED1 指示灯不断闪烁，表示程序正常运行。当调节电位器时，获取的 AD 转换值和电压值将发生变化，并通过串口打印出来。如果想在串口调试助手上看到输出信息，可以打开 XCOM，设置好波特率等参数后，XCOM 上即会收到 printf 发送过来的信息，图 7-14 所示为 ADC 模数转换结果图。

图 7-14　ADC 模数转换结果图

7.3　任务 13　DS18B20 温度传感器控制

▶ 任务目标

学习精度较高的外部 DS18B20 数字温度传感器的应用，由于此传感器是单总线接口，所以需要使用 STM32F1 的一个 I/O 口模拟单总线时序与 DS18B20 通信，将检测的环境温度读取出来。实现的功能是：系统开启时首先检测 DS18B20 温度传感器是否存在，若存在输出相应的提示信息，然后间隔 500 ms 读取一次 DS18B20 测试的温度，并通过串口打印输出，最后让 LED1 指示灯不断闪烁，提示系统正常运行。

7.3.1　DS18B20 介绍

DS18B20 是由 DALLAS 半导体公司推出的一种"一线总线(单总线)"接口的温度传感器。与传统的热敏电阻等测温元件相比，它是一种新型的体积小、适用电压宽、与微处理器接口简单的数字化温度传感器。

1. DS18B20 的特点

DS18B20 温度传感器具有如下特点：

(1) 适应电压范围：3.0～5.5 V，在寄生电源方式下可由数据线供电。

(2) 独特的单线接口方式，DS18B20 在与微处理器连接时仅需要一条口线即可实现微处理器与 DS18B20 的双向通信。

(3) DS18B20 支持多点组网功能，多个 DS18B20 可以并联在唯一的三线上，实现组网多点测温。

(4) DS18B20 在使用中不需要任何外围元件，全部传感元件及转换电路集成在形如一只三极管的集成电路内。

(5) 温度范围：-55～+125℃，在 -10～+85℃时精度为 ±0.5℃

(6) 可编程的分辨率为 9～12 位，对应的可分辨温度分别为 0.5℃、0.25℃、0.125℃和0.0625℃，可实现高精度测温。

(7) 在 9 位分辨率时最多在 93.75 ms 内把温度转换为数字量，12 位分辨率时最多在750 ms 内把温度值转换为数字量，速度更快。

(8) 测量结果直接输出数字温度信号，以"一根总线"串行传送给 CPU，同时可传送CRC 校验码，具有极强的抗干扰纠错能力。

(9) 负压特性：电源极性接反时，芯片不会因发热而烧毁，但不能正常工作。

2. DS18B20 的结构

DS18B20 外观实物如图 7-15 所示。

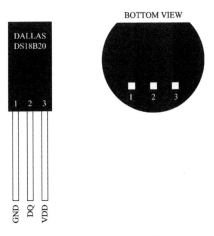

图 7-15　DS18B20 外观图

从 DS18B20 外观图可以看到，当正对传感器切面(传感器型号字符那一面)时，传感器的管脚顺序是从左到右排列。管脚 1 为 GND，管脚 2 为数据 DQ，管脚 3 为 VDD。如果把传感器插反，那么电源将短路，传感器就会发烫，很容易损坏，所以一定要注意传感器方向，通常在开发板上都会标出传感器的凸起处，所以只需要把传感器凸起的方向对着开发板凸起方向插入即可。DS18B20 的内部结构框图如图 7-16 所示。

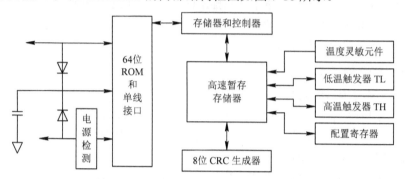

图 7-16　DS18B20 的内部结构框图

ROM 中的 64 位序列号是出厂前被光刻好的，它可以看作是该 DS18B20 的地址序列号。64 位光刻 ROM 的排列是：开始 8 位(28 H)是产品类型标号，接着的 48 位是该 DS18B20 自身的序列号，最后 8 位是前面 56 位的循环冗余校验码。光刻 ROM 的作用是使每一个 DS18B20 都各不相同，这样就可以实现一根总线上挂接多个 DS18B20 的目的。DS18B20 温度传感器的内部存储器包括一个高速的暂存器 RAM 和一个非易失性的可电擦除的 EEPROM，后者存放高温、低温触发器 TH、TL 和配置寄存器。配置寄存器通过配置不同的位数来确定温度和数字的转化。配置寄存器结构如图 7-17 所示。

TM	R1	R0	1	1	1	1	1

图 7-17　配置寄存器结构图

低 5 位一直都是"1"，TM 是测试模式位，用于设置 DS18B20 在工作模式还是在测试模式。在 DS18B20 出厂时该位被设置为"0"，用户不需要去改动。R1 和 R0 用来设置 DS18B20 的精度(分辨率)，可设置为 9、10、11 或 12 位，对应的分辨率温度是 0.5℃、0.25℃、0.125℃或 0.0625℃。R0 和 R1 配置如表 7-20 所示。

表 7-20　R0 和 R1 配置

R1	R0	精度	最大转换时间	
0	0	9 bit	93.75 ms	$t_{conv}/8$
0	1	10 bit	187.5 ms	$t_{conv}/4$
1	0	11 bit	375 ms	$t_{conv}/2$
1	1	12 bit	750 ms	t_{conv}

在初始状态下默认的精度是 12 位，即 R0=1、R1=1。高速暂存存储器由 9 个字节组成，其分配如表 7-21 所示。

表 7-21　高速暂存存储器

寄存器内容	字节地址
温度值低位(LS Byte)	0
温度值高位(MS Byte)	1
高温限值(TH)	2
低温限值(TL)	3
配置寄存器	4
保留	5
保留	6
保留	7
CRC 校验值	8

当温度转换命令(44H)发布后,经转换所得的温度值以二字节补码形式存放在高速暂存存储器的第 0 个字节和第 1 个字节。存储的两个字节,高字节的前 5 位是符号位 S,单片机可通过单线接口读到该数据,读取时低位在前,高位在后。温度寄存器数据格式如图 7-18 所示。

	bit7	bit6	bit5	bit4	bit3	bit2	bit1	bit0
LS Byte	2^3	2^2	2^1	2^0	2^{-1}	2^{-2}	2^{-3}	2^{-4}
	bit15	bit14	bit13	bit12	bit11	bit10	bit9	bit8
MS Byte	S	S	S	S	S	2^6	2^5	2^4

图 7-18　温度寄存器数据格式

如果测得的温度大于 0,这 5 位为"0",只要将测到的数值乘以 0.0625(默认精度是 12 位)即可得到实际温度;如果温度小于 0,这 5 位为"1",测到的数值需要取反加 1 再乘以 0.0625 即可得到实际温度。温度与数据的对应关系如表 7-22 所示。

表 7-22　温度与数据的对应关系

温度/℃	数据输出(二进制)	数据输出(十六进制)
+125	0000 0111 1101 0000	0X07D0
+85	0000 0101 0101 0000	0X0550
+25.0625	0000 0001 1001 0001	0X0191
+10.125	0000 0000 1010 0010	0X00A2
+0.5	0000 0000 0000 1000	0X0008
0	0000 0000 0000 0000	0X0000
−0.5	1111 1111 1111 1000	0XFFF8
−10.125	1111 1111 0101 1110	0XFF5E
−25.0625	1111 1110 0110 1111	0XFE6E
−55	1111 1100 1001 0000	0XFC90

上电复位时温度寄存器默认值为 +85℃。

比如，要计算 +85℃，数据输出十六进制数是 0X0550，因为高字节的高 5 位为 0，表明检测的温度是正温度，0X0550 对应的十进制为 1360，将这个值乘以 12 位精度 0.0625，所以可以得到 +85℃。

知道了怎么计算温度，接下来就来看看如何读取温度数据，由于 DS18B20 是单总线器件，所有的单总线器件都要求采用严格的信号时序，以保证数据的完整性。

3. DS18B20 的时序

DS18B20 时序包括以下几种：初始化时序、写(0 和 1)时序、读(0 和 1)时序。DS18B20 发送所有的命令和数据都是字节的低位在前。这里简单介绍这几个信号的时序。

1) 初始化时序

单总线上的所有通信都是以初始化序列开始。主机输出低电平，保持低电平时间至少 480 μs(该时间的范围可以从 480 μs 到 960 μs)，以产生复位脉冲。接着主机释放总线，外部的上拉电阻将单总线拉高，延时 15～60 μs，并进入接收模式。接着 DS18B20 拉低总线 60～240 μs，以产生低电平应答脉冲，若为低电平，还要做延时，其延时的时间从外部上拉电阻将单总线拉高算起最少要 480 μs。初始化时序如图 7-19 所示。

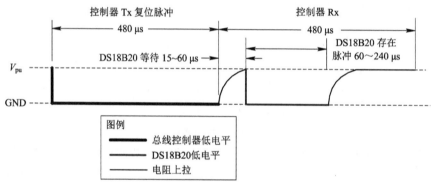

图 7-19　初始化时序图

2) 写时序

写时序包括写 "0" 时序和写 "1" 时序。所有写时序至少需要 60 μs，且在 2 次独立的写时序之间至少需要 1 μs 的恢复时间，两种写时序均起始于主机拉低总线。写 "1" 时序：主机输出低电平，延时 2 μs，然后释放总线，延时 60 μs。写 "0" 时序：主机输出低电平，延时 60 μs，然后释放总线，延时 2 μs。写时序如图 7-20 所示。

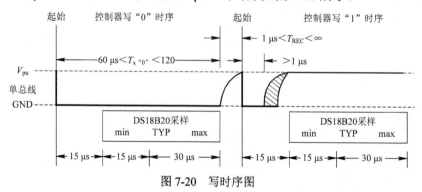

图 7-20　写时序图

3) 读时序

单总线器件仅在主机发出读时序时，才向主机传输数据，所以，在主机发出读数据命令后，必须马上产生读时序，以便从机能够传输数据。所有读时序至少需要 60 μs，且在 2 次独立的读时序之间至少需要 1 μs 的恢复时间。每个读时序都由主机发起，至少拉低总线 1 μs。主机在读时序期间必须释放总线，并且在时序起始后的 15 μs 之内采样总线状态。读时序如图 7-21 所示。

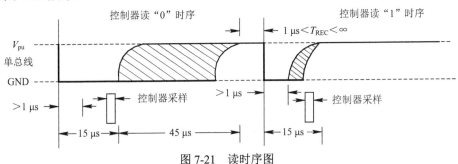

图 7-21 读时序图

典型的读时序过程为：主机输出低电平延时 2 μs，然后主机转入输入模式延时 12 μs，接着读取单总线当前的电平，最后延时 50 μs。在了解了单总线时序之后，来看看 DS18B20 的典型温度读取过程：复位→发 SKIPROM 命令(0xCC)→发开始转换命令(0x44)→延时→复位→发送 SKIPROM 命令(0xCC)→发读存储器命令(0xBE)→连续读出两个字节数据(即温度)→结束。

7.3.2　硬件设计

开发板上 DS18B20 温度传感器模块电路如图 7-22 所示。

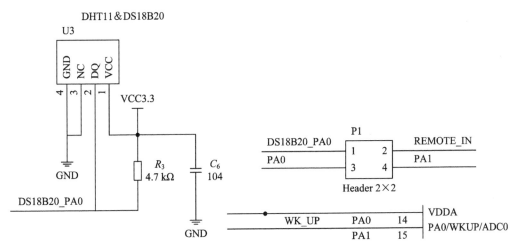

图 7-22 DS18B20 温度模块电路图

从电路图中可以看到，单总线接口连接在 STM32F1 芯片的 PA0 管脚上，并且接了一个 4.7 kΩ 的上拉电阻。通过 PA0 管脚模拟单总线时序与 DS18B20 温度传感器通信。

LED1 指示灯用来提示系统运行状态，DS18B20 温度传感器用来检测环境温度，串口 1

用来打印输出温度传感器测试的温度值。

7.3.3　软件设计

程序框架如下：

(1) 初始化 DS18B20。

(2) 编写读取温度函数。

(3) 编写主函数。

创建"DS18B20 温度传感器"工程，在 APP 工程组中可以添加 ds18b20.c 文件(里面包含了 DS18B20 驱动程序)，同时还要包含对应的头文件路径。这里分析几个重要函数，其他部分程序大家可以打开工程查看。

1. DS18B20 初始化函数

要使用 PA0 管脚模拟单总线时序，就必须使能端口时钟及初始化 GPIO。初始化代码如下：

```
u8 DS18B20_Init(void)
{
    GPIO_InitTypeDef    GPIO_InitStructure;
    RCC_APB2PeriphClockCmd(DS18B20_PORT_RCC, ENABLE);
    GPIO_InitStructure.GPIO_Pin=DS18B20_PIN;
    GPIO_InitStructure.GPIO_Speed=GPIO_Speed_50 MHz;
    GPIO_InitStructure.GPIO_Mode=GPIO_Mode_Out_PP;
    GPIO_Init(DS18B20_PORT, &GPIO_InitStructure);
    DS18B20_Reset();
    return DS18B20_Check();
}
```

该函数带有一个返回值，如果返回值为 1 表示 DS18B20 初始化失败，返回值为 0 表示初始化成功。函数返回值其实就是通过调用 DS18B20_Check 函数获得，此函数用来检测 DS18B20 是否存在。初始化函数内还调用了 DS18B20_Reset 函数，这两个函数其实就是根据前面介绍的初始化时序编写的，对应的代码如下：

```
void DS18B20_Reset(void)
{
    DS18B20_IO_OUT(); //配置 PA0 为输出模式
    DS18B20_DQ_OUT=0; //拉低 DQ
    delay_us(750);       //拉低 750 μs
    DS18B20_DQ_OUT=1; //DQ=1
    delay_us(15);        //15 μs
}

u8 DS18B20_Check(void)
{
```

```
    u8 retry=0;
    DS18B20_IO_IN();                        //配置 PA0 为输入模式
    while (DS18B20_DQ_IN&&retry<200)
    {
       retry++;
       delay_us(1);
    };
    if(retry>=200)return 1;
    else retry=0;
    while (!DS18B20_DQ_IN&&retry<240)
    {
       retry++;
       delay_us(1);
    };
    if(retry>=240)return 1;
    return 0;
}
```

由于采用单总线，所以数据的写入和读取都是在 PA0 引脚上完成的。当写入数据的时候需要配置此引脚为输出模式，当读取数据的时候需要配置此引脚为输入模式，因此会有数据的读取和数据的写入两个函数，数据的读取函数代码如下：

```
void DS18B20_IO_IN(void)
{
    GPIO_InitTypeDef   GPIO_InitStructure;
    GPIO_InitStructure.GPIO_Pin=DS18B20_PIN;
    GPIO_InitStructure.GPIO_Mode=GPIO_Mode_IPU;
    GPIO_Init(DS18B20_PORT,&GPIO_InitStructure);
}
```

数据的写入函数代码如下：

```
void DS18B20_IO_OUT(void)
{
    GPIO_InitTypeDef   GPIO_InitStructure;
    GPIO_InitStructure.GPIO_Pin=DS18B20_PIN;
    GPIO_InitStructure.GPIO_Speed=GPIO_Speed_50MHz;
    GPIO_InitStructure.GPIO_Mode=GPIO_Mode_Out_PP;
    GPIO_Init(DS18B20_PORT, &GPIO_InitStructure);
}
```

2. 编写读取温度函数

初始化 DS18B20 后，就可以按照前面介绍的 DS18B20 的典型温度读取过程来编写温度读取函数，代码如下：

```
float DS18B20_GetTemperture(void)
{
    u16 temp;
    u8 a,b;
    float value;
    DS18B20_Start();                    // DS18B20 开始转换
    DS18B20_Reset();
    DS18B20_Check();
    DS18B20_Write_Byte(0xcc);
    DS18B20_Write_Byte(0xbe);
    a=DS18B20_Read_Byte();              // LSB
    b=DS18B20_Read_Byte();              // MSB
    temp=b;
    temp=(temp<<8)+a;
    if((temp&0xf800) == 0xf800)
    {
        temp=(~temp)+1;
        value=temp*(-0.0625);
    }
    else
    {
        value=temp*0.0625;
    }
    return value;
}
```

该函数首先调用 DS18B20_Start 函数来开始 DS18B20 的温度转换，其代码如下：

```
void DS18B20_Start(void)                // DS18B20 开始转换
{
    DS18B20_Reset();
    DS18B20_Check();
    DS18B20_Write_Byte(0xcc);
    DS18B20_Write_Byte(0x44);
}
```

最终将 2 个字节的温度数据读取出来，判断最高字节的高 5 位是否为 0，如果为 0 表明读取的温度值为正温度，直接乘以 0.0625 即可，否则为负温度，需取反后加 1 再乘以 0.0625。

3. 编写主函数

主函数代码如下：

```
#include "system.h"
#include "SysTick.h"
#include "led.h"
#include "usart.h"
#include "ds18b20.h"
int main( )
{
    u8 i=0;
    float temper;
    SysTick_Init(72);
    NVIC_PriorityGroupConfig(NVIC_PriorityGroup_2);    //中断优先级分组，分2组
    LED_Init( );
    USART1_Init(9600);
    while(DS18B20_Init( ))
    {
        printf("DS18B20 检测失败，请插好!\r\n");
        delay_ms(500);
    }
    printf("DS18B20 检测成功!\r\n");
    while(1)
    {
        i++;
        if(i%20 == 0)
        {
            led1 =! led1;
        }

        if(i%50 == 0)
        {
            temper = DS18B20_GetTemperture();
            if(temper < 0)
            {
                printf("检测的温度为：-");
            }
            else
```

```
        {
            printf("检测的温度为：  ");
        }
        printf("%.2f° C\r\n",temper);
    }
    delay_ms(10);
    }
}
```

主函数首先调用硬件初始化函数，包括 SysTick 系统时钟、中断分组、LED 初始化等；然后调用 DS18B20_Init 函数用来检测 DS18B20 温度传感器的初始化是否成功，若初始化成功，打印输出"DS18B20 检测成功！"提示信息，否则一直循环打印输出"DS18B20 检测失败，请插好！"；初始化成功后进入 while 循环，间隔 500 ms 读取一次温度，并将温度打印输出，同时 LED1 指示灯间隔 200 ms 闪烁，提示系统正常运行。

7.3.4　工程编译与调试

将工程程序编译后下载到开发板内，如果未将 DS18B20 插入开发板的温度传感器接口，串口将一直打印输出"DS18B20 检测失败，请插好！"的提示信息；如果插好 DS18B20 后(如图 7-23 右下角处)，将打印输出"DS18B20 检测成功！"的信息，并且每间隔 500 ms 打印输出一次读取的温度数据，同时可以看到 LED0 指示灯不断闪烁，表示程序正常运行，如图 7-23 所示。

图 7-23　DS18B20 温度传感器实物效果图

如果想在串口调试助手上看到输出信息，可以打开 XCOM，设置好波特率等参数后，XCOM 上即会收到串口发送过来的信息。如图 7-24 所示为 DS18B20 温度传感器串口调试助手效果图。

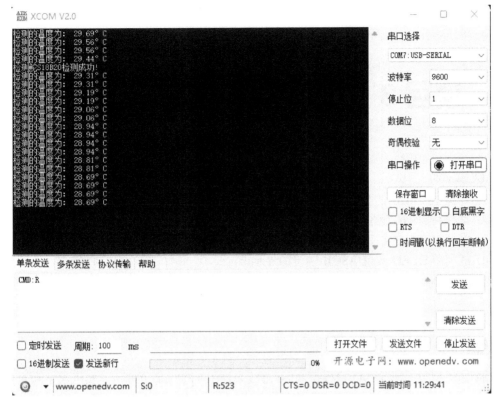

图 7-24 DS18B20 温度传感器串口调试助手效果图

举一反三

1. 使用 ADC 实现多个通道的 AD 采集。(温馨提示：参考 ADC 初始化步骤，修改相应的一些参数，注意 ADC 转换通道引脚不要被其他芯片或电路占用，防止干扰，ADC 输入电压不能超过 3.3 V，否则可能烧坏芯片。)

2. 利用 DS18B20 设计一个智能温度控制系统，具有温度上下限值设定，当温度高于上限值加热指示灯 LED2 熄灭同时报警，当温度低于下限值时加热指示灯 LED2 点亮同时报警，当温度处于上下限间正常工作，加热指示灯 LED2 闪烁。(温馨提示：把本章实验结合按键控制实验。)

3. 给 ADC1 CH1 引脚外接一个光敏电阻传感器模块，通过串口打印出采集的模拟量。

4. 给 ADC1 CH1 引脚外接一个光敏电阻传感器模块，环境光照强度低时，点亮 LED2，否则熄灭 LED2。

5. 查阅资料，使用 DMA 方式采集 ADC1 多个通道的模拟量，并打印到串口助手。

项目8 显示屏控制设计与实现

学习目标

1. 掌握 TFTLCD 的显示原理。
2. 掌握利用 TFTLCD 实现汉字和彩色的显示方法。
3. 掌握 OLED 的显示原理。
4. 能利用 OLED 实现 ASCII 字符的显示。

8.1 任务 14 TFTLCD 显示

任务目标

通过 STM32 的普通 I/O 口模拟 8080 总线来控制 TFTLCD 的显示，实现汉字和彩色的显示等功能，并通过串口打印 LCD 控制器的 ID 号。

8.1.1 TFTLCD 简介

TFTLCD 即薄膜场效应晶体管 LCD，其英文全称为 Thin Film Transistor Liquid Crystal Display，是有源矩阵类型液晶显示器的一种。TFTLCD 的主要特点是为每个像素配置一个半导体开关器件，一个 TFT 元件就相当于一个电控开关，整个 TFTLCD 面板的显示区域就是由数百万个独立 TFT 元件控制的像素矩阵构成的。由于每个像素都可以通过点脉冲直接控制，因而每个节点都相对独立，并可以进行连续控制。这样的设计方法不仅提高了显示屏的反应速度，同时也可以精确控制显示灰度。TFTLCD 也被叫作真彩液晶显示器。

常用的 TFT 液晶屏接口有很多种，8 位、9 位、16 位、18 位都有，这里的位数表示的是彩屏数据线的数量。常用的通信模式主要有 6800 模式和 8080 模式，对于 TFT 彩屏通常都使用 8080 并口(简称 80 并口)模式。80 并口有 5 条基本的控制线和多条数据线，数据线的数量主要看液晶屏使用的是几位模式。8080 接口的控制线和数据线如表 8-1 所示。

表 8-1 8080 接口的控制线和数据线

RST	0：复位选择；1：取消复位
CS	0：片选选择；1：取消片选
RS	0：控制寄存器；1：数据寄存器
RD	0：读选择；1：取消读
WR	0：写选择；1：取消写
DB0～DB8	数据线

1. ALIENTEK TFTLCD 模块

开发板上采用的是 2.8 英寸(1 英寸≈2.54 cm)的 ALIENTEK TFTLCD 模块，该模块主要参数为：显示区域大小为 57.6 mm×47.2 mm，驱动芯片为 ILI9341，分辨率为 320×240(RGB)，色彩深度为 16 位(65K 色)，工作电压为 3.3 V，背光电压为 3.3 V(默认)/5 V，触摸屏类型为电阻式、钢化玻璃触摸屏，接口方式为 16 位 8080/6800 并口，采用 2×17 的 2.54 公排针与外部连接。该模块的外观图如图 8-1 所示。

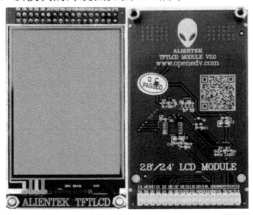

图 8-1　ALIENTEK TFTLCD 模块的外观图

该模块的 8080 接口方式需要如下一些信号线：

● CS：TFTLCD 片选信号。

● WR：向 TFTLCD 写入数据。

● RD：从 TFTLCD 读取数据。

● D[15:0]：16 位双向数据线。

● RST：硬复位 TFTLCD。

● RS：命令/数据标志(0 表示读写命令；1 表示读写数据)。

模块的引脚如图 8-2 所示。

		LCD1			
LCD_CS	1	LCD_CS	RS	2	LCD_RS
LCD_WR	3	WR/CLK	RD	4	LCD_RD
LCD_RST	5	RST	DB1	6	DB1
DB2	7	DB2	DB3	8	DB3
DB4	9	DB4	DB5	10	DB5
DB6	11	DB6	DB7	12	DB7
DB8	13	DB8	DB10	14	DB10
DB11	15	DB11	DB12	16	DB12
DB13	17	DB13	DB14	18	DB14
DB15	19	DB15	DB16	20	DB16
DB17	21	DB17	GND	22	GND
BL_CTR	23	BL	VDD3.3	24	VCC3.3
VCC3.3	25	VDD3.3	GND	26	GND
GND	27	GND	BL_VDD	28	BL_VDD
T_MISO	29	MISO	MOSI	30	T_MOSI
T_PEN	31	T_PEN	MO	32	
T_CS	33	T_CS	CLK	34	T_CLK
		TFT_LCD			

图 8-2　ALIENTEK TFTLCD 模块的接口图

从图 8-2 可以看出，ALIENTEK TFTLCD 模块采用 16 位的并行方式与外部连接，保证了彩屏数据量大和显示速度快的要求，图中其他引脚为触摸屏芯片相关的接口。

ALIENTEK TFTLCD 模块 16 位 8080 并口读/写的过程为：先根据要写入/读取的数据类型设置 RS 为高(数据)/低(命令)，然后拉低片选，选中 ILI9341，接着根据是读数据还是写数据置 RD/WR 为低。

写数据：在 WR 的上升沿，使数据写入到 ILI9341 里面。并口写时序如图 8-3 所示。

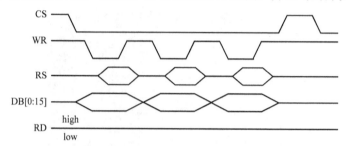

图 8-3　并口写时序图

读数据：在 RD 的上升沿，读取数据线上的数据(D[15:0])。并口读时序如图 8-4 所示。

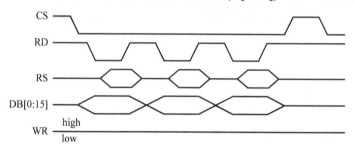

图 8-4　并口读时序图

2. ILI9341 控制器

ILI9341 液晶控制器自带显存，其显存总大小为 172800(240×320×18/8)，即 18 位模式(26 万色)下的显存量。在 16 位模式下，ILI9341 采用 RGB565 格式存储颜色数据，此时 ILI9341 的 18 位数据线与 MCU 的 16 位数据线以及 LCDGRAM 的对应关系如图 8-5 所示。

9341总线	D17	D16	D15	D14	D13	D12	D11	D10	D9	D8	D7	D6	D5	D4	D3	D2	D1	D0
MCU数据 (16 位)	D15	D14	D13	D12	D11	NC	D10	D9	D8	D7	D6	D5	D4	D3	D2	D1	D0	NC
LCD GRAM (16位)	R[4]	R[3]	R[2]	R[1]	R[0]	NC	G[5]	G[4]	G[3]	G[2]	G[1]	G[0]	B[4]	B[3]	B[2]	B[1]	B[0]	NC

图 8-5　16 位数据与显存的对应关系

从图 8-5 中可以看出，ILI9341 在 16 位模式下，数据线有用的是 D17～D13 和 D11～D1，D0 和 D12 没有用到，实际上在这款 LCD 模块里面，ILI9341 的 D0 和 D12 没有引出来，这样，ILI9341 的 D17～D13 和 D11～D1 对应 MCU 的 D15～D0。最低 5 位为蓝色，中间 6 位为绿色，最高 5 位为红色，数值越大，表示该颜色越深。此外，ILI9341 所有的指令都是 8 位的(高 8 位无效)，且参数除了读写 GRAM 时是 16 位，其他操作参数都是 8 位。

ILI9341 的命令很多，常用的 6 条指令为 0xD3、0x36、0x2A、0x2B、0x2C、0x2E。

(1) 指令 0xD3 用于读取 LCD 控制器的 ID，该指令描述如表 8-2 所示。

表 8-2　0xD3 指令描述

顺序	控　制			各 位 描 述									HEX
	RS	RD	WR	D15～D8	D7	D6	D5	D4	D3	D2	D1	D0	
指令	0	1	↑	XX	1	1	0	1	0	0	1	1	D3H
参数 1	1	↑	1	XX	X	X	X	X	X	X	X	X	X
参数 2	1	↑	1	XX	0	0	0	0	0	0	0	0	00H
参数 3	1	↑	1	XX	1	0	0	1	0	0	1	1	93H
参数 4	1	↑	1	XX	0	1	0	0	0	0	0	1	41H

从表 8-2 可以看出，0xD3 指令后面跟了 4 个参数，最后 2 个参数读出来是 0x93 和 0x41，刚好是控制器 ILI9341 的数字部分。通过该指令即可判别所用的 LCD 驱动器是什么型号，这样，就可以根据驱动器的型号执行对应的初始化代码，从而兼容不同驱动的屏，使得一个代码支持多款 LCD。

(2) 指令 0x36 用在连续写/读 GRAM 时，控制 GRAM 指针的增长方向(8 个方向)，从而控制显示方式，该指令描述如表 8-3 所示。

表 8-3　0x36 指令描述

顺序	控　制			各 位 描 述									HEX
	RS	RD	WR	D15～D8	D7	D6	D5	D4	D3	D2	D1	D0	
指令	0	1	↑	XX	0	0	1	1	0	1	1	0	36H
参数	1	1	1	XX	MY	MX	MV	ML	BGR	MH	0	0	0

从表 8-3 可以看出，0x36 指令后面紧跟 1 个参数，这里主要关注 MY、MX、MV 这三个位。通过这三个位的设置，可以控制整个 ILI9341 的全部扫描方向。MY、MX、MV 的设置与 LCD 的扫描方向关系如表 8-4 所示。

表 8-4　MY、MX、MV 的设置与 LCD 的扫描方向关系表

控　制　位			效　　果
MY	MX	MV	LCD 扫描方向(GRAM 自增方式)
0	0	0	从左到右，从上到下
1	0	0	从左到右，从下到上
0	1	0	从右到左，从上到下
1	1	0	从右到左，从下到上
0	0	1	从上到下，从左到右
0	1	1	从上到下，从右到左
1	0	1	从下到上，从左到右
1	1	1	从下到上，从右到左

比如，设置 LCD 扫描方向为从左到右，从下到上，那么只需要设置一次坐标，然后不停地往 LCD 填充颜色数据即可，这大大提高了显示速度。

(3) 指令 0x2A 用在从左到右、从上到下的扫描方式(默认)下，设置横坐标(x坐标)，该指令描述如表 8-5 所示。

表 8-5　0x2A 指令描述

顺序	控制			各位描述									HEX
	RS	RD	WR	D15~D8	D7	D6	D5	D4	D3	D2	D1	D0	
指令	0	1	↑	XX	0	0	1	0	1	0	1	0	2AH
参数1	1	1	↑	XX	SC15	SC14	SC13	SC12	SC11	SC10	SC9	SC8	SC
参数2	1	1	↑	XX	SC7	SC6	SC5	SC4	SC3	SC2	SC1	SC0	
参数3	1	1	↑	XX	EC15	EC14	EC13	EC12	EC11	EC10	EC9	EC8	EC
参数4	1	1	↑	XX	EC7	EC6	EC5	EC4	EC3	EC2	EC1	EC0	

在默认扫描方式时，0x2A 指令用于设置 x 坐标，该指令带有 4 个参数，实际上是 2 个坐标值 SC 和 EC，即列地址的起始值和结束值。SC 必须小于等于 EC，且 0≤SC/EC≤239。一般在设置 x 坐标时，只需要带 2 个参数即可，也就是只设置 SC，因为如果 EC 没有变化，只需要设置一次即可(在初始化 ILI9341 时设置)，从而提高速度。

(4) 指令 0x2B 用在从左到右、从上到下的扫描方式(默认)下，设置纵坐标(y坐标)，该指令描述如表 8-6 所示。

表 8-6　0x2B 指令描述

顺序	控制			各位描述									HEX
	RS	RD	WR	D15~D8	D7	D6	D5	D4	D3	D2	D1	D0	
指令	0	1	↑	XX	0	0	1	0	1	0	1	1	2BH
参数1	1	1	↑	XX	SP15	SP14	SP13	SP12	SP11	SP10	SP9	SP8	SP
参数2	1	1	↑	XX	SP7	SP6	SP5	SP4	SP3	SP2	SP1	SP0	
参数3	1	1	↑	XX	EP15	EP14	EP13	EP12	EP11	EP10	EP9	EP8	EP
参数4	1	1	↑	XX	EP7	EP6	EP5	EP4	EP3	EP2	EP1	EP0	

在默认扫描方式时，0x2B 指令用于设置 y 坐标，该指令带有 4 个参数，实际上是 2 个坐标值 SP 和 EP，即页地址的起始值和结束值。SP 必须小于等于 EP，且 0≤SP/EP≤319。一般在设置 y 坐标时，只需要带 2 个参数即可，也就是只设置 SP 即可，因为如果 EP 没有变化，只需要设置一次即可(在初始化 ILI9341 时设置)。

(5) 指令 0x2C 用在发送该指令之后往 LCD 的 GRAM 里面写入颜色数据，支持连续写。该指令描述如表 8-7 所示。

表 8-7　0x2C 指令描述

顺序	控制			各位描述									HEX
	RS	RD	WR	D15~D8	D7	D6	D5	D4	D3	D2	D1	D0	
指令	0	1	↑	XX	0	0	1	0	1	1	0	0	2CH
参数1	1	1	↑	D1[15:0]									XX
...		1	↑	...									XX
参数 n	1	1	↑	Dn[15:0]									XX

从表 8-7 可知，在收到指令 0x2C 之后，数据有效位宽变为 16 位，可以连续写入 LCDGRAM 值，而 GRAM 的地址将根据 MY/MX/MV 设置的扫描方向进行自增。例如，设置的是从左到右、从上到下的扫描方式，那么设置好起始坐标(通过 SC、SP 设置)后，每写入一个颜色值,GRAM 地址将会自动增1(SC++),如果碰到 EC,则回到 SC,同时 SP++，一直到坐标 EC、EP 结束，其间无需再次设置坐标。

(6) 指令 0x2E 用于读取 GRAM 的颜色分量，每次输出 2 个颜色分量，每个占 8 位，需要将其转换为 RGB565 的格式。该指令描述如表 8-8 所示。

表 8-8 0x2E 指令描述

顺序	控 制			各 位 描 述												HEX
	RS	RD	WR	D15～D11	D10	D9	D8	D7	D6	D5	D4	D3	D2	D1	D0	
指令	0	1	↑	XX				0	0	1	0	1	1	1	0	2EH
参数 1	1	↑	1	XX												dummy
参数 2	1	↑	1	R1[4：0]	XX			G1[5：0]						XX		R1G1
参数 3	1	↑	1	B1[4：0]	XX			R2[4：0]						XX		B1R2
参数 4	1	↑	1	G2[5：0]		XX		B2[4：0]						XX		G2B2
参数 5	1	↑	1	R3[4：0	XX			G3[5：0]						XX		R3G3
参数 N	1	↑	1	按以上规律输出												

0x2E 指令用于读取 GRAM 时，ILI9341 在收到该指令后，第一次输出的是 dummy 数据，也就是无效的数据，第二次开始，读取到的才是有效的 GRAM 数据(从坐标 SC、SP 开始)。输出规律为：每个颜色分量占 8 个位，一次输出 2 个颜色分量。比如，第一次输出的是 R1G1，随后的规律为 B1R2→G2B2→R3G3→B3R4→G4B4→R5G5，以此类推。如果只需要读取一个点的颜色值，那么只需要接收到参数 3 即可，如果要连续读取(利用 GRAM 地址自增，方法同上)，那么就按照上述规律去接收颜色数据。

3. TFTLCD 模块的使用流程

一般 TFTLCD 模块的使用流程如图 8-6 所示。

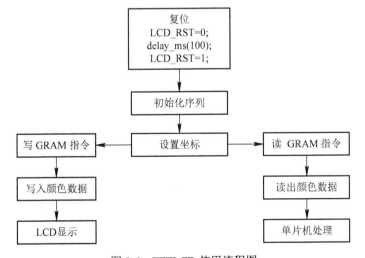

图 8-6 TFTLCD 使用流程图

其中，硬复位和初始化序列只需要执行一次。画点流程为设置坐标→写 GRAM 指令→写入颜色数据，读点流程为设置坐标→读 GRAM 指令→读取颜色数据。

4．TFTLCD 显示的相关设置

TFTLCD 显示需要的相关设置步骤如下：

1) 初始化 STM32 开发板与 TFTLCD 模块相连接的 I/O 口

先将 STM32 与 TFTLCD 模块相连的 I/O 口进行初始化，以便驱动 LCD。

2) 初始化 TFTLCD 模块

这一步即图 8-6 的初始化序列，这里没有硬复位 LCD，因为开发板的 LCD 接口将 TFTLCD 的 RST 同 STM32 的 RESET 连接在一起了，只要按下开发板的 RESET 键，就会对 LCD 进行硬复位。初始化序列就是向 LCD 控制器写入一系列的设置值，这部分内容由 LCD 供应商提供，直接使用这些序列即可。

3) 通过函数将字符和数字显示到 TFTLCD 模块上

这一步通过图 8-6 左侧的流程来实现，即设置坐标→写 GRAM 指令→写 GRAM。这个步骤只是一个点的处理，要显示字符/数字就必须多次使用这个步骤，从而达到显示字符/数字的目的，所以需要设计一个函数来实现数字/字符的显示，之后调用该函数，就可以实现数字/字符的显示了。

8.1.2　硬件设计

开发板上 LCD 模块的电路如图 8-7 所示。

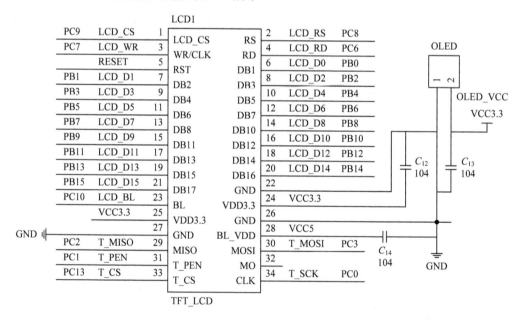

图 8-7　LCD 模块电路图

从图 8-7 可以看出，ALIENTEK TFTLCD 模块采用 16 位的并行方式与开发板的 PB0~PB15 连接，TFTLCD 模块的 RST 信号线直接接到开发板的复位脚上，不由软件控制，另

外还需要一个背光控制线 PC10 来控制 TFTLCD 的背光,LCD_RD、LCD_WR、LCD_RS、LCD_CS 分别和 PC6~PC9 相连。

开发板底板的 LCD 接口和 ALIENTEK TFTLCD 模块直接对插(靠右插!),连接方式如图 8-8 所示。

图 8-8 TFTLCD 与开发板的连接示意

图 8-8 右上角的 LCD 插座部分就是连接 TFTLCD 模块的接口,板上的接口比液晶模块的插针要多 2 个口。液晶模块在这里是靠右插的,多出的 2 个口是给 OLED 用的,所以 OLED 模块在接这里的时候是靠左插的。

8.1.3 软件设计

所要实现的功能是:在 TFTLCD 上显示汉字,同时 LED1 指示灯闪烁,提示系统正常运行。程序框架如下:

(1) 初始化 TFTLCD 对应的 GPIO。

(2) TFTLCD 初始化,包括初始化序列。

(3) 编写 TFTLCD 的显示函数。

(4) 编写主函数。

创建"TFTLCD 显示"工程,在 APP 工程组中添加 lcd.c 文件和对应的头文件 lcd.h,并将头文件路径包含进来。

1. TFTLCD 连接的 GPIO 的初始化函数

首先要初始化 TFTLCD 对应连接的 I/O 口,代码如下:

```
void TFTLCD_GPIO_Init(void)
{
```

```
GPIO_InitTypeDefGPIO_InitStructure;
RCC_APB2PeriphClockCmd(RCC_APB2Periph_GPIOC | RCC_APB2Periph_GPIOB | RCC_
APB2Periph_AFIO, ENABLE);
    //使能 GPIDB, C 时钟以及 AFIO 时钟
GPIO_PinRemapConfig(GPIO_Remap_SWJ_JTAGDisable, ENABLE);        //开启 SWD
GPIO_InitStructure.GPIO_Pin = GPIO_Pin_10 | GPIO_Pin_9 | GPIO_Pin_8 | GPIO_Pin_7 |
GPIO_Pin_6;                                    //GPIO C6~10 复用推挽输出
GPIO_InitStructure.GPIO_Mode = GPIO_Mode_Out_PP;
GPIO_InitStructure.GPIO_Speed = GPIO_Speed_50MHz;
GPIO_Init(GPIOC, &GPIO_InitStructure);        //GPIOC
GPIO_SetBits(GPIOC, GPIO_Pin_10 | GPIO_Pin_9 | GPIO_Pin_8 | GPIO_Pin_7 | GPIO_Pin_6);
GPIO_InitStructure.GPIO_Pin = GPIO_Pin_All;        //GPIOB 推挽输出
GPIO_Init(GPIOB, &GPIO_InitStructure);        //GPIOB
GPIO_SetBits(GPIOB, GPIO_Pin_All);
}
```

该函数将对应的 I/O 口配置为复用功能模式，最后调用 GPIO_Init 初始化。

2. 编写 TFTLCD 的初始化函数

要让 TFTLCD 显示，还需要初始化序列。读取 LCD 控制器的型号，根据型号执行相应的初始化代码，即 TFT 彩屏厂家提供的 TFTLCD 寄存器的设置值。因为要将这些数值写入到 TFTLCD 内对应的命令寄存器中，所以还需要编写 TFTLCD 写命令和写数据等函数。TFTLCD 初始化代码如下：

```
void TFTLCD_Init(void)
{
TFTLCD_GPIO_Init();
delay_ms(50);                                    //delay50 ms
lcddev.id = LCD_ReadReg(0x0000);
if(lcddev.id < 0xFF || lcddev.id == 0xFFFF || lcddev.id == 0x9300)        //读到 ID 不正确
{
    //尝试 9341ID 的读取
    LCD_WR_REG(0xD3);
    LCD_RD_DATA();                                //dummyread
    LCD_RD_DATA();                                //读到 0x00
    lcddev.id = LCD_RD_DATA();                    //读取 0x93
    lcddev.id <<= 8;
    lcddev.id |= LCD_RD_DATA();                   //读取 0x41
    if(lcddev.id != 0x9341)                       //非 0x9341，尝试是不是 0x6804
    {
        LCD_WR_REG(0xBF);
```

```
LCD_RD_DATA();                          //dummyread
LCD_RD_DATA();                          //读回 0x01
LCD_RD_DATA();                          //读回 0xD0
lcddev.id = LCD_RD_DATA();              //这里读回 0x68
lcddev.id <<= 8;
lcddev.id |= LCD_RD_DATA();             //这里读回 0x04
if(lcddev.id != 0x6804)                 //也不是 0x6804，尝试看看是不是 NT35310
{
    LCD_WR_REG(0xD4);
    LCD_RD_DATA();                      //dummyread
    LCD_RD_DATA();                      //读回 0x01
    lcddev.id = LCD_RD_DATA();          //读回 0x53
    lcddev.id <<= 8;
    lcddev.id |= LCD_RD_DATA();         //这里读回 0x10
    if(lcddev.id != 0x5310)      //也不是 NT35310，尝试看看是不是 NT35510
    {
        LCD_WR_REG(0xDA00);
        LCD_RD_DATA();                  //读回 0x00
        LCD_WR_REG(0xDB00);
        lcddev.id = LCD_RD_DATA();      //读回 0x80
        lcddev.id <<= 8;
        LCD_WR_REG(0xDC00);
        lcddev.id |= LCD_RD_DATA();     //读回 0x00
        if(lcddev.id == 0x8000)
            lcddev.id = 0x5510;         //NT35510 读回的 ID 是 8000H，为方便区分，
                                        //强制设置为 5510
        if(lcddev.id != 0x5510)         //也不是 NT5510，尝试看看是不是 SSD1963
        {
            LCD_WR_REG(0xA1);
            lcddev.id = LCD_RD_DATA();
            lcddev.id = LCD_RD_DATA();      //读回 0x57
            lcddev.id <<= 8;
            lcddev.id |= LCD_RD_DATA();     //读回 0x61
            if(lcddev.id == 0x5761)
                lcddev.id = 0x1963;     //SSD1963 读回的 ID 是 5761H，为方便区分，
                                        //强制设置为 1963
        }
    }
}
```

```
            }
        }
        printf("LCDID:%x\r\n",lcddev.id);        //打印 LCD ID
        if(lcddev.id == 0x9341)                   //9341 初始化
        {
            ……                                   //9341 初始化代码
        }elseif(lcddev.id == 0xXXXX)              //其他 LCD 初始化代码
        {
            ……                                   //其他 LCD 驱动 IC，初始化代码
        }
        LCD_Display_Dir(0);                       //默认为竖屏显示
        LCD_LED = 1;                              //点亮背光
        LCD_Clear(WHITE);
    }
```

该函数先对 STM32 与 LCD 连接的相关 I/O 口进行初始化，之后读取 LCD 控制器型号 (LCD ID)，根据读到的 LCD ID，执行相应的初始化代码。其中 else if(lcddev.id == 0xXXXX) 是省略写法，实际上代码里面有十几个这种 else if 结构，从而可以支持十多款不同的驱动 IC 执行初始化操作，这大大提高了整个程序的通用性。

特别注意：本函数使用了 printf 来打印 LCD ID，所以，如果你在主函数里面没有初始化串口，那么将导致程序"死"在 printf 里面！！如果不想用 printf，那么请注释掉它。

3. 编写 TFTLCD 显示函数

要在 TFTLCD 上显示内容，需要多种功能函数配合完成。下面分别进行介绍。

1) 重要结构体_lcd_dev

_lcd_dev 是 lcd.h 里面的一个重要结构体，其代码如下：

```
//LCD 重要参数集
typedef struct
{
    u16 width;          //LCD 宽度
    u16 height;         //LCD 高度
    u16 id;             //LCD ID
    u8 dir;             //横屏还是竖屏控制：0 表示竖屏；1 表示横屏
    u16 wramcmd;        //开始写 GRAM 指令
    u16 setxcmd;        //设置 x 坐标指令
    u16 setycmd;        //设置 y 坐标指令
}_lcd_dev;              //LCD 参数
extern_lcd_devlcddev;   //管理 LCD 的重要参数
```

该结构体用于保存一些 LCD 的重要参数信息，比如 LCD 的长宽、LCD ID(驱动 IC 型号)、LCD 横竖屏状态等。这个结构体可以让驱动函数支持不同尺寸的 LCD，同时可以实

现 LCD 横竖屏切换等重要功能。

2) ILI93xx.c 里面的一些重要函数

(1) LCD_WR_DATA 为写数据函数,该函数在 lcd.h 里面,通过宏定义的方式申明。该函数通过 80 并口向 LCD 模块写入一个 16 位的数据,使用频率是最高的,其代码如下:

```
//写数据函数
#define LCD_WR_DATA(data)
{
    \LCD_RS_SET;\
    LCD_CS_CLR;\
    DATAOUT(data);\
    LCD_WR_CLR;\
    LCD_WR_SET;\
    LCD_CS_SET;\
}
```

在上面的函数中,LCD_RS_SET/LCD_CS_CLR/LCD_WR_CLR/LCD_WR_SET/LCD_CS_SET 等是操作 RS/CS/WR 的宏定义。

(2) LCD_WR_DATAX 为写数据函数,该函数在 ILI93xx.c 里面定义,功能同 LCD_WR_DATA。因在 LCD_Init 函数里面有很多地方要写数据,所以这里使用 LCD_WR_DATAX,专门给 LCD_Init 函数调用,从而大大减少了内存占用量。该函数代码如下:

```
//写数据函数
//可以替代 LCD_WR_DATAX 宏,拿时间换空间
//data:寄存器值
void LCD_WR_DATAX(u16data)
{
    LCD_RS_SET;
    LCD_CS_CLR;
    DATAOUT(data);
    LCD_WR_CLR;
    LCD_WR_SET;
    LCD_CS_SET;
}
```

(3) LCD_WR_REG 为写寄存器函数,该函数通过 80 并口向 LCD 模块写入寄存器命令。因为该函数使用频率不是很高,因而不采用宏定义来做(宏定义占用内存较多),通过 LCD_RS 来标记是写入命令(LCD_RS = 0)还是写入数据(LCD_RS = 1)。该函数代码如下:

```
//写寄存器函数
//data:寄存器值
void LCD_WR_REG(u16data)
{
    LCD_RS_CLR;              //写地址
```

```
        LCD_CS_CLR;
        DATAOUT(data);
        LCD_WR_CLR;
        LCD_WR_SET;
        LCD_CS_SET;
    }
```

(4) LCD_RD_DATA 为读数据函数,该函数的功能是读取 LCD 控制器的寄存器数据(非 GRAM 数据)。该函数代码如下:

```
//读 LCD 寄存器数据
//返回值: 读到的值
u16 LCD_RD_DATA(void)
{
    u16 t;
    GPIOB -> CRL = 0x88888888;          //PB0~PB7 上拉输入
    GPIOB -> CRH = 0x88888888;          //PB8~PB15 上拉输入
    GPIOB -> ODR = 0x0000;              //全部输出 0
    LCD_RS_SET;
    LCD_CS_CLR;
    LCD_RD_CLR;                         //读取数据(读寄存器时,并不需要读 2 次)
    if(lcddev.id == 0x8989)
        delay_us(2);                    //FOR8989,延时 2 μs
    t = DATAIN;
    LCD_RD_SET;
    LCD_CS_SET;
    GPIOB -> CRL = 0x33333333;          //PB~PB7 上拉输出
    GPIOB -> CRH = 0x33333333;          //PB8~PB15 上拉输出
    GPIOB -> ODR = 0xFFFF;              //全部输出高
    return t;
}
```

(5) LCD_WriteReg 为写寄存器函数, 代码如下:

```
//写寄存器
//LCD_Reg: 寄存器编号
//LCD_RegValue: 要写入的值
void LCD_WriteReg(u16LCD_Reg,u16LCD_RegValue)
{
    LCD_WR_REG(LCD_Reg);
    LCD_WR_DATA(LCD_RegValue);
}
```

(6) LCD_ReadReg 为读寄存器函数。代码如下:

```
//读寄存器
//LCD_Reg：寄存器编号
//返回值：读到的值
u16 LCD_ReadReg(u16LCD_Reg)
{
    LCD_WR_REG(LCD_Reg);          //写入要读的寄存器号
    return LCD_RD_DATA();
}
```

LCD_WriteReg 用于向 LCD 指定寄存器写入数据，LCD_ReadReg 用于读取指定寄存器的数据，这两个函数都只带一个参数/返回值，所以，在有多个参数操作(读取/写入)时需另外实现。

(7) LCD_SetCursor 为坐标设置函数。该函数代码如下：

```
//设置光标位置
//Xpos：横坐标
//Ypos：纵坐标
void LCD_SetCursor(u16Xpos, u16Ypos)
{
    if(lcddev.id == 0x9341 || lcddev.id == 0x5310)
    {
        LCD_WR_REG(lcddev.setxcmd);
        LCD_WR_DATA(Xpos>>8);
        LCD_WR_DATA(Xpos&0xFF);
        LCD_WR_REG(lcddev.setycmd);
        LCD_WR_DATA(Ypos>>8);
        LCD_WR_DATA(Ypos&0xFF);
    }else if(lcddev.id == 0x6804)
    {
        if(lcddev.dir == 1)Xpos=lcddev.width-1-Xpos;          //横屏时处理
        LCD_WR_REG(lcddev.setxcmd);
        LCD_WR_DATA(Xpos>>8);
        LCD_WR_DATA(Xpos&0xFF);
        LCD_WR_REG(lcddev.setycmd);
        LCD_WR_DATA(Ypos>>8);
        LCD_WR_DATA(Ypos&0xFF);
    }else if(lcddev.id == 0x5510)
    {
        LCD_WR_REG(lcddev.setxcmd);
        LCD_WR_DATA(Xpos>>8);
        LCD_WR_REG(lcddev.setxcmd+1);
```

```
        LCD_WR_DATA(Xpos&0xFF);
        LCD_WR_REG(lcddev.setycmd);
        LCD_WR_DATA(Ypos>>8);
        LCD_WR_REG(lcddev.setycmd+1);
        LCD_WR_DATA(Ypos&0xFF);
    }else
    {
        if(lcddev.dir == 1)Xpos = lcddev.width-1-Xpos;         //横屏其实就是调转 x，y 坐标
        LCD_WriteReg(lcddev.setxcmd,Xpos);
        LCD_WriteReg(lcddev.setycmd,Ypos);
    }
}
```

　　该函数的功能是将 LCD 的当前操作位置设置到指定坐标(x，y)处，因为不同 LCD 的设置方式有可能不同，所以代码中通过判断语句对不同的驱动 IC 进行不同的设置。

　　(8) LCD_DrawPoint 为画点函数。该函数实现代码如下：

```
//画点
//x，y：坐标
//POINT_COLOR：此点的颜色
void LCD_DrawPoint(u16 x,u16 y)
{
    LCD_SetCursor(x,y);                      //设置光标位置
    LCD_WriteRAM_Prepare();                  //开始写入 GRAM
    LCD_WR_DATA(POINT_COLOR);
}
```

　　该函数先设置坐标，然后给该坐标写颜色。其中 POINT_COLOR 是一个全局变量，用于存放画笔颜色；另一个全局变量是 BACK_COLOR，代表 LCD 的背景色。

　　(9) LCD_ReadPoint 为读点函数。用于读取 LCD 的 GRAM。该函数返回读到的 GRAM 值，使用之前要先设置读取的 GRAM 地址(通过 LCD_SetCursor 函数来实现)。该函数的代码如下：

```
//读取某个点的颜色值
//x，y：坐标
//返回值: 此点的颜色
u16 LCD_ReadPoint(u16x,u16y)
{
    u16 r, g, b;
    if(x >= lcddev.width || y >= lcddev.height)return 0;       //超过了范围，直接返回
    LCD_SetCursor(x, y);
    if(lcddev.id == 0x9341 || lcddev.id == 0x6804 || lcddev.id == 0x5310 || lcddev.id == 0x1963)
        LCD_WR_REG(0x2E);           //为 9341/6804/3510/1963 发送读 GRAM 指令
```

```
else if(lcddev.id == 0x5510)LCD_WR_REG(0x2E00);        //为 5510 发送读 GRAM 指令
else LCD_WR_REG(0x22);              //为其他 IC 发送读 GRAM 指令
GPIOB -> CRL = 0x88888888;          //PB0~PB7 上拉输入
GPIOB -> CRH = 0x88888888;          //PB8~PB15 上拉输入
GPIOB -> ODR = 0xFFFF;              //全部输出高
LCD_RS_SET;
LCD_CS_CLR;
LCD_RD_CLR;                         //读取数据(读 GRAM 时，第一次为假读)
opt_delay(2);                       //延时
r = DATAIN;                         //实际坐标颜色
LCD_RD_SET;
if(lcddev.id == 0x1963)
{
    LCD_CS_SET;
    GPIOB -> CRL = 0x33333333;      //PB0~PB7 上拉输出
    GPIOB -> CRH = 0x33333333;      //PB8~PB15 上拉输出
    GPIOB -> ODR = 0xFFFF;          //全部输出高
    return r;                       //1963 直接读就可以
}
LCD_RD_CLR;                         //dummyREAD
opt_delay(2);                       //延时
r = DATAIN;                         //实际坐标颜色
LCD_RD_SET;
if(lcddev.id == 0x9341 || lcddev.id == 0x5310 || lcddev.id == 0x5510) //这几个 IC 要分两次读出
{
    LCD_RD_CLR;
    opt_delay(2);                   //延时
    b = DATAIN;                     //读取蓝色值
    LCD_RD_SET;
    g = r&0XFF;     //对于 9341，第一次读取的是 RG 的值，R 在前，G 在后，各占 8 位
    g <<= 8;
}else if(lcddev.id == 0x6804)
{
    LCD_RD_CLR;
    LCD_RD_SET;
    r = DATAIN;                     //6804 第二次读取的才是真实值
}
LCD_CS_SET;
GPIOB -> CRL = 0x33333333;              //PB0~PB7 上拉输出
```

```
        GPIOB -> CRH= 0x33333333;              //PB8~PB15 上拉输出
        GPIOB -> ODR = 0xFFFF;                 //全部输出高
        if(lcddev.id == 0x9325 || lcddev.id == 0x4535 || lcddev.id == 0x4531 || lcddev.id == 0x8989 ||
    lcddev.id == 0xB505)return r;              //这几种 IC 直接返回颜色值
        else if(lcddev.id == 0x9341 || lcddev.id == 0x5310 || lcddev.id == 0x5510)
            return(((r>>11)<<11) | ((g>>10)<<5) | (b>>11));        //这几个 IC 需用公式转换一下
        else
            return LCD_BGR2RGB(r);        //其他 IC
    }
```

在 LCD_ReadPoint 函数中，代码不止支持一种 LCD 驱动器。根据不同的 LCD 驱动器 (lcddev.id)型号执行不同的操作，以实现对各个驱动器兼容，提高函数的通用性。

(10) LCD_ShowChar 为字符显示函数。该函数可以以叠加方式或者以非叠加方式显示。叠加方式显示多用于在显示的图片上再显示字符，非叠加方式一般用于普通的显示。该函数的代码如下：

```
//在指定位置显示一个字符
//x，y：起始坐标
//num：要显示的字符：""--->"~"
//size：字体大小 12/16/24
//mode：叠加方式(1)还是非叠加方式(0)
void LCD_ShowChar(u16x, u16y, u8num, u8size, u8mode)
{
    u8 temp, t1, t;
    u16 y0 = y;
    u8 csize = (size/8+((size%8)?1:0))*(size/2);    //得到字体，一个字符对应点阵集所占字节数
    //设置窗口
    num = num-";                               //得到偏移后的值
    for(t=0; t<csize; t++)
    {
        if(size == 12) temp = asc2_1206[num][t];    //调用 1206 字体
        else if(size == 16) temp = asc2_1608[num][t];//调用 1608 字体
        else if(size == 24) temp = asc2_2412[num][t];//调用 2412 字体
        else return;                          //没有的字库
        for(t1=0;t1<8;t1++)
        {
            if(temp&0x80) LCD_Fast_DrawPoint(x, y, POINT_COLOR);
            else if(mode == 0) LCD_Fast_DrawPoint(x, y, BACK_COLOR);
            temp<<=1;
            y++;
            if(x>=lcddev.width) return;       //超区域了
```

```
        if((y-y0) == size)
        {
            y=y0; x++;
            if(x>=lcddev.width) return;          //超区域了
            break;
        }
    }
}
}
```

在 LCD_ShowChar 函数里面，采用快速画点函数 LCD_Fast_DrawPoint 来画点显示字符，该函数同 LCD_DrawPoint 一样，只带了颜色参数，且减少了函数调用的时间，详见本例程序源代码。代码中用到了三个字符集点阵数据数组 asc2_2412、asc2_1206 和 asc2_1608，下面重点介绍这几个字符集的点阵数据的提取方式。

3) 字模数据提取方式

要显示字符，首先要有字符的字模点阵数据。这里以字符提取软件 PCtoLCD2002 完美版为例介绍。PCtoLCD2002 可以提供各种字符的点阵数据，包括汉字点阵数据的提取，且取模方式可以设置多种；它还支持图形模式，即用户可以自己定义图片的大小，然后画图，根据所画的图形再生成点阵数据，该功能在制作图标或图片的时候很有用。双击 PCtoLCD2002 软件，弹出界面如图 8-9 所示。

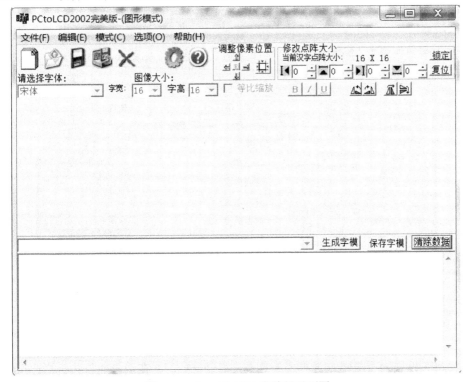

图 8-9   PCtoLCD2002 完美版界面图

下面介绍如何取汉字和字符字模数据。在图 8-9 所示界面点击"模式"，选择"字符模式"，操作如图 8-10 所示。

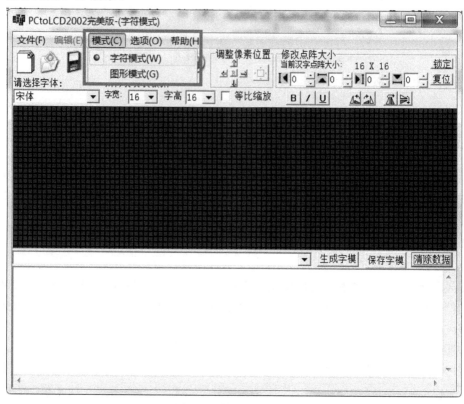

图 8-10　模式菜单选项

然后点击"选项"，会弹出一个"字模选项"对话框，如图 8-11 所示。

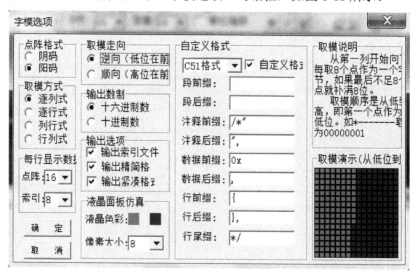

图 8-11　字模选项对话框

比如将其设置为"阳码＋逐列式＋逆向＋C51 格式"，在液晶面板仿真栏还可以选择颜色，在右上角的取模说明里面就会显示相应的内容；在右下角可以看到取模演示，选择好后，点击"确定"按钮。

设置好字模选项后，接下来就是取字模数据了。首先设定好字体及大小，然后在"文字输入区"输入所要显示的汉字，比如输入"西安"，就会在窗口显示输入的汉字，然后点击"生成字模"按钮，就会在"点阵数据输出区"显示字模数据，如图 8-12 所示。

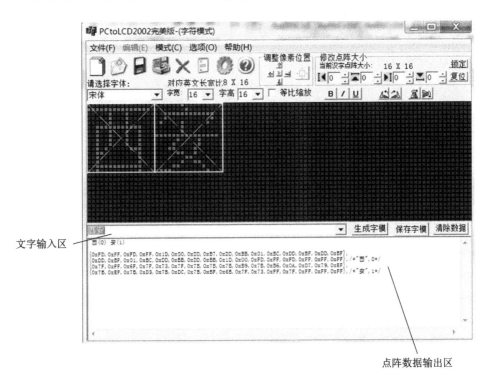

图 8-12　取字模数据示意图

按这样的取模方式，把需要的 ASCII 字符和汉字的字模数据取出来，保存在 font.h 里面即可。

4) 文件内容

lcd.h 文件内容如下：

```
#ifndef_LCD_H
#define_LCD_H
#include "sys.h"
#include "stdlib.h"
//LCD 重要参数集
typedef struct
{
    u16 width;                    //LCD 宽度
    u16 height;                   //LCD 高度
    u16 id;                       //LCDID
    u8 dir;                       //横屏还是竖屏控制：0 表示竖屏；1 表示横屏
    u16 wramcmd;                  //开始写 GRAM 指令
```

```
    u16 setxcmd;                              //设置 x 坐标指令
    u16 setycmd;                              //设置 y 坐标指令
}_lcd_dev;
//LCD 参数
extern_lcd_devlcddev;                         //管理 LCD 重要参数
//LCD 的画笔颜色和背景色
extern u16 POINT_COLOR;                       //默认红色
extern u16 BACK_COLOR;                        //背景颜色默认为白色
//LCD 端口定义，使用快速 IO 控制
#define LCD_LEDPCout(10)                      //LCD 背光 PC10
#define LCD_CS_SETGPIOC->BSRR=1<<9            //片选端口 PC9
#define LCD_RS_SETGPIOC->BSRR=1<<8            //数据/命令 PC8
#define LCD_WR_SETGPIOC->BSRR=1<<7            //写数据 PC7
#define LCD_RD_SETGPIOC->BSRR=1<<6            //读数据 PC6
#define LCD_CS_CLRGPIOC->BRR=1<<9             //片选端口 PC9
#define LCD_RS_CLRGPIOC->BRR=1<<8             //数据/命令 PC8
#define LCD_WR_CLRGPIOC->BRR=1<<7             //写数据 PC7
#define LCD_RD_CLRGPIOC->BRR=1<<6             //读数据 PC6
//PB0～PB15 作为数据线
#define DATAOUT(x)GPIOB->ODR=x;               //数据输出
#define DATAIN GPIOB->IDR;                    //数据输入
//扫描方向定义
#define L2R_U2D 0                             //从左到右，从上到下
#define L2R_D2U 1                             //从左到右，从下到上
#define R2L_U2D 2                             //从右到左，从上到下
#define R2L_D2U 3                             //从右到左，从下到上
#define U2D_L2R 4                             //从上到下，从左到右
#define U2D_R2L 5                             //从上到下，从右到左
#define D2U_L2R 6                             //从下到上，从左到右
#define D2U_R2L 7                             //从下到上，从右到左
#define DFT_SCAN_DIRL2R_U2D                   //默认的扫描方向
//画笔颜色
#define WHITE 0xFFFF
……//省略部分
#define LBBLUE 0x2B12                         //浅棕蓝色(选择条目的反色)
void LCD_Init(void);                          //初始化
……//省略部分函数定义
```

```
void LCD_Set_Window(u16sx,u16sy,u16width,u16height);        //设置窗口
//SSD1963 驱动 LCD 面板参数
//LCD 分辨率设置
#define SSD_HOR_RESOLUTION800                //LCD 水平分辨率
#define SSD_VER_RESOLUTION480                //LCD 垂直分辨率
//LCD 驱动参数设置
#define SSD_HOR_PULSE_WIDTH1                 //水平脉宽
#define SSD_HOR_BACK_PORCH210                //水平后廊
#define SSD_HOR_FRONT_PORCH45                //水平前廊
#define SSD_VER_PULSE_WIDTH1                 //垂直脉宽
#define SSD_VER_BACK_PORCH34                 //垂直后廊
#define SSD_VER_FRONT_PORCH10                //垂直前廊
//如下几个参数，自动计算
#define  SSD_HT(SSD_HOR_RESOLUTION+SSD_HOR_PULSE_WIDTH+SSD_HOR_BACK_POR
CH+SSD_HOR_FRONT_PORCH)
#define SSD_HPS(SSD_HOR_PULSE_WIDTH+SSD_HOR_BACK_PORCH)
#define  SSD_VT(SSD_VER_PULSE_WIDTH+SSD_VER_BACK_PORCH+SSD_VER_FRONT_PO
RCH+SSD_VER_RESOLUTION)
#define SSD_VSP(SSD_VER_PULSE_WIDTH+SSD_VER_BACK_PORCH)
#endif
```

代码中"//LCD 重要参数集"至"//管理 LCD 重要参数"这段 lcd_dev 结构体已在前面介绍，其他的就相对简单了。另外，这段代码对颜色和驱动器的寄存器进行了很多宏定义，限于篇幅，此处省略了其中绝大部分内容。

在了解了上述基本功能函数的基础上，根据任务需要显示的内容，可自行编写出显示函数。

4. 编写主函数

编写好 TFTLCD 初始化和显示函数后，接下来就可以编写主函数了，代码如下：

```
int main(void)
{
    u8 x=0;
    u8 lcd_id[12];                          //存放 LCD ID 字符串
    SysTick_Init(72);
    NVIC_PriorityGroupConfig(NVIC_PriorityGroup_2);  //中断优先级分组分 2 组
    LED_Init();
    USART1_Init(9600);                      //串口初始化为 9600
    TFTLCD_Init();                          //LCD 初始化
    POINT_COLOR=RED;
```

```
    sprintf((char*)lcd_id, "LCDID:%04X", lcddev.id);          //将 LCD ID 打印到 lcd_id 数组
    while(1)
    {
        switch(x)
        {
            case0:LCD_Clear(WHITE); break;
            case1:LCD_Clear(BLACK); break;
            case2:LCD_Clear(BLUE); break;
            case3:LCD_Clear(RED); break;
            case4:LCD_Clear(MAGENTA); break;
            case5:LCD_Clear(GREEN); break;
            case6:LCD_Clear(CYAN); break;
            case7:LCD_Clear(YELLOW); break;
            case8:LCD_Clear(BRRED); break;
            case9:LCD_Clear(GRAY); break;
            case10:LCD_Clear(LGRAY); break;
            case11:LCD_Clear(BROWN); break;
        }
        POINT_COLOR=RED;
        LCD_ShowString(20, 40, 200, 24, 24, "EmbeddedSystem^_^");
        LCD_ShowString(70, 70, 200, 16, 16, "TFTLCD TEST");
        LCD_ShowString(30, 90, 200, 16, 16, "Xi'an Peihua University");
        LCD_ShowString(130, 110, 200, 12, 12, "2022/6/1");
        LCD_ShowString(30, 130, 200, 16, 16, lcd_id);          //显示 LCD ID
        Chinese_Show_one(100, 170, 0, 16, 0);                  //汉    size=16
        Chinese_Show_one(100, 190, 1, 16, 0);                  //字
        Chinese_Show_one(100, 210, 2, 16, 0);                  //显
        Chinese_Show_one(100, 230, 3, 16, 0);                  //示
        x++;                                                   //循环显示背景色
        if(x == 12)x=0;
           led0 =! led0;
        delay_ms(1000);
    }
}
```

　　主函数首先调用硬件初始化函数，包括 SysTick 系统时钟、中断分组、LED 初始化等。然后调用 TFTLCD_Init 函数，用来初始化 TFTLCD。调用字符串显示函数进行显示，该部分代码将显示一些固定的字符，字体大小包括 24×12、16×8 和 12×6 等三种。同时显示 LCD 驱动 IC 的型号，然后不停地切换背景颜色，每 1 s 切换一次，而 LED0 也会不停地闪

烁，指示程序已经在运行。其中会用到 sprintf 函数，该函数用法同 printf，只是 sprintf 把打印内容输出到指定的内存区间上。

另外需特别注意：USART1_Init 函数不能去掉，因为在 LCD_Init 函数里面调用了 printf，一旦去掉这个初始化，就会死机。只要代码里用到 printf，就必须初始化串口，否则都会死机，即停在 usart.c 里面的 fputc 函数里出不来。

8.1.4　工程编译与调试

将工程程序编译后下载到开发板内，将 TFTLCD 模块插到开发板上的彩屏接口，按下复位键后，可以看到屏幕的背景是不停切换的，同时 LED0 指示灯不断闪烁，表示程序正常运行，TFTLCD 显示字符信息，效果如图 8-13 所示。

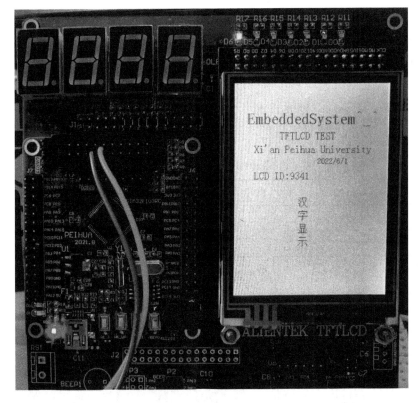

图 8-13　TFTLCD 显示效果

8.2　任务 15　OLED 显示

▶任务目标

OLED 模块只能显示单色/双色，不能显示彩色，而且尺寸也较小。本任务将使用开发板上的 OLED 模块接口来点亮 OLED，并实现 ASCII 字符的显示。

8.2.1　OLED 简介

OLED(Organic Light Emitting Diode)是继 TFTLCD 后的新一代平面显示器,具有构造简单、自发光不需背光源、对比度高、厚度薄、视角广、反应速度快、使用温度范围广等优点。

0.96 英寸的 OLED 有黄蓝、白、蓝三种颜色可选。其中,黄蓝是屏的上 1/4 部分为黄光,下 3/4 部分为蓝光,而且是固定区域显示固定颜色,颜色和显示区域均不能修改;白光则为纯白,也就是黑底白字;蓝色为纯蓝,也就是黑底蓝字。

本任务使用的是 ALINETEK 的 OLED 显示模块,该模块有以下特点:

(1) 模块有单色和双色两种可选,单色为纯蓝色,而双色则为黄蓝双色。

(2) 尺寸小:显示尺寸为 0.96 英寸,而模块的尺寸仅为 27 mm × 26 mm。

(3) 分辨率高:该模块的分辨率为 128 × 64。

(4) 多种接口方式:该模块提供了 4 种接口方式,包括:6800、8080 两种并行接口方式,4 线 SPI(Serial Peripheral Interface)以及 I²C(Inter Integrated Circuit)串行外设接口方式。

(5) 工作电压 3.3 V,和 5.0 V 接口不兼容,不能直接接到 5 V 电压上,否则可能烧坏模块。

以上 4 种接口方式通过模块的 BS1 和 BS2 设置,BS1 和 BS2 的设置与模块接口方式的关系如表 8-9 所示。

表 8-9　OLED 模块接口方式设置表

接口方式	4 线 SPI	I²C	8 位 6800	8 位 8080
BS1	0	1	0	1
BS2	0	0	1	1

表 8-9 中"1"代表接 VCC,"0"代表接 GND。

该模块的外观图如图 8-14 所示。

图 8-14　ALIENTEK OLED 模块外观图

　　ALIENTEK OLED 模块的默认设置是 BS1 和 BS2 接 VCC，即使用 8080 并口方式。如果要设置为其他模式，则需要在 OLED 的背面用电烙铁修改 BS1 和 BS2 的设置连线，开发板上模块的原理图如图 8-15 所示。

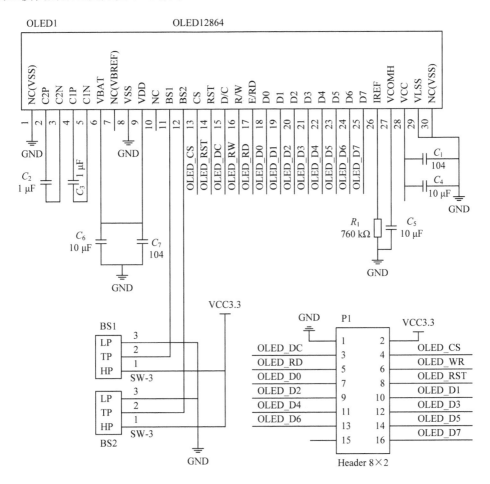

图 8-15　ALIENTEK OLED 模块原理图

　　该模块采用 8×2 的 2.54 排针与外部连接，总共有 16 个管脚，在 16 条线中，只用了 15 条，有一个是悬空的。15 条线中，电源和地线占了 2 条，还剩下 13 条信号线。在不同模式下，需要的信号线数量是不同的：在 8080 模式下，需要全部 13 条，而在 I^2C(也称 IIC)模式下，仅需要 2 条线就够了！其中有一条是共同的，那就是复位线 RST(RES)，RST 低电平有效，将导致 OLED 复位，在每次初始化之前，都应该复位一下 OLED 模块。

　　ALIENTEK OLED 模块的 8080 接口方式需要如下信号线：

- CS：OLED 片选信号。
- WR：向 OLED 写入数据。
- RD：从 OLED 读取数据。
- D[7:0]：8 位双向数据线。
- RST(RES)：硬复位 OLED。
- DC：命令/数据标志(0 表示读写命令，1 表示读写数据)。

ALIENTEK OLED 模块的控制器型号为 SSD1306。模块的 8080 并口读/写的过程为：先根据要写入/读取的数据的类型，设置 DC 为高(数据)/低(命令)，然后拉低片选，选中 SSD1306，接着根据是读数据还是写数据置 RD/WR 为低，然后在 RD 的上升沿使数据锁存到数据线 D[7:0])上，在 WR 的上升沿使数据写入到 SSD1306 里面。

在 8080 方式下读数据操作的时候，在读取真正的数据之前，有一个假读(Dummy Read)的过程，以使得微控制器的操作频率和显存的操作频率相匹配，其实就是第一个读到的字节丢弃不要，从第二个开始才是真正要读的数据。

SSD1306 的显存容量为 128 × 64 bit，SSD1306 将这些显存分为了 8 页(PAGE 0～PAGE 7)，其对应关系如表 8-10 所示。

表 8-10　SSD1306 显存与屏幕对应关系表

行 (COM 0～COM 7)	列(COL 0～COL 127)						
	SEG0	SEG1	SEG2	…	SEG125	SEG126	SEG127
COM 0	PAGE0						
COM 1	PAGE1						
COM 2	PAGE2						
COM 3	PAGE3						
COM 4	PAGE4						
COM 5	PAGE5						
COM 6	PAGE6						
COM 7	PAGE7						

可以看出，SSD1306 的每页包含了 128 个字节，总共 8 页，这样刚好是 128 × 64 的点阵大小。因为每次写入都是按字节写入的，这就存在一个问题，如果使用只写方式操作模块，那么每次要写 8 个点，这样在画点的时候，就必须把要设置的点所在的字节的每个位当前的状态是 0 还是 1 都搞清楚，否则写入的数据就会覆盖掉之前的状态，结果就是有些不需要显示的点显示出来了，或者该显示的点没有显示。这个问题在能读的模式下，可以先读出来要写入的那个字节，得到当前状态，在修改了要改写的位之后再写进 GRAM，这样就不会影响到之前的状态了。但是这样需要能读 GRAM，所以采用的办法是在 STM32 的内部建立一个 OLED 的 GRAM(共 128 × 8 个字节)，在每次修改的时候，只是修改 STM32 上的 GRAM(实际上就是 SRAM)，在修改完了之后，一次性把 STM32 上的 GRAM 写入到 OLED 的 GRAM。

SSD1306 的命令比较多，这里仅介绍几个比较常用的命令，这些命令如表 8-11 所示。

第一个命令为 0x81，用于设置对比度，这个命令包含了两个字节，第一个 0x81 为命令，随后发送的一个字节为要设置的对比度的值。这个值设置得越大屏幕就越亮。

第二个命令为 0xAE / 0xAF。0xAE 为关闭显示命令，0xAF 为开启显示命令。

第三个命令为 0x8D，该指令也包含两个字节，第一个字节为命令字，第二个字节为设置值。第二个字节的 bit2 表示电荷泵的开关状态，该位为"1"，则开启电荷泵，为"0"，则关闭电荷泵。在模块初始化的时候，这个必须要开启，否则是看不到屏幕显示的。

表 8-11 SSD1306 常用命令表

序号	指令	各 位 描 述								命 令	说 明
	HEX	D7	D6	D5	D4	D3	D2	D1	D0		
1	81	1	0	0	0	0	0	0	1	设置对比度	A 的值越大屏幕越亮,A 的范围从 0x00~0xFF
	A[7:0]	A7	A6	A5	A4	A3	A2	A1	A0		
2	AE/AF	1	0	1	0	1	1	1	X0	设置显示开关	X0 = 0,关闭显示;X0 = 1,开启显示
3	8D	1	0	0	0	1	1	0	1	电荷泵设置	A2 = 0,关闭电荷泵;A2 = 1,开启电荷泵
	A[7:0]	*	*	0	1	0	A2	0	0		
4	B0~B7	1	0	1	1	0	X2	X1	X0	设置页地址	X[2:0] = 0~7 对应页 0~7
5	00~0F	0	0	0	0	X3	X2	X1	X0	设置列地址低4 位	设置 8 位起始列地址的低 4 位
6	10~1F	0	0	0	1	X3	X2	X1	X0	设置列地址高4 位	设置 8 位起始列地址的高 4 位

第四个命令为 0xB0~0xB7,该命令用于设置页地址,其低 3 位的值对应着 GRAM 的页地址。

第五个指令为 0x00~0x0F,该指令用于设置显示时的起始列地址的低 4 位。

第六个指令为 0x10~0x1F,该指令用于设置显示时的起始列地址的高 4 位。

其他命令,大家可以参考 SSD1306 数据手册。

最后,介绍 OLED 模块的初始化过程,SSD1306 的典型初始化框图如图 8-16 所示。

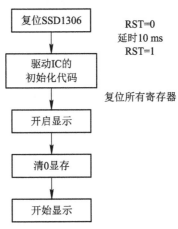

图 8-16 SSD1306 初始化框图

驱动 IC 的初始化代码,直接使用厂家推荐的设置就可以了,只对细节部分进行一些修改,使其满足自己的要求,其他不需要变动。

OLED 显示所需要的相关设置步骤如下:

(1) 设置 STM32 与 OLED 模块相连接的 I/O 口。先将 STM32 与 OLED 模块相连的 I/O

口设置为输出。

(2) 初始化 OLED 模块。通过对 OLED 相关寄存器的初始化来启动 OLED 的显示。

(3) 调用函数将字符和数字显示到 OLED 模块上。

通过以上三步，就可以使用 ALIENTEK OLED 模块来显示字符和数字了。

8.2.2　硬件设计

本实验用到的硬件资源有：

(1) 指示灯 LED0。

(2) OLED 模块。

开发板底板的 LCD 接口和 ALIENTEK OLED 模块直接可以对插(靠左插！)，连接关系如图 8-17 所示。

图 8-17　OLED 模块与开发板的连接示意

图中右上角左侧圈出来的部分就是连接 OLED 的接口，硬件上 OLED 与开发板的 I/O 口对应关系如下：

● OLED_CS 对应 PC9；

● OLED_RS 对应 PC8；

● OLED_WR 对应 PC7；

● OLED_RD 对应 PC6；

● OLED_D[7:0]对应 PB[7:0]。

8.2.3　软件设计

下面创建“OLED 显示”工程，在 APP 工程组中添加 oled.c 和 oled.h 文件，同时将头文件路径包含进来。程序框架如下：

(1) 初始化 OLED 对应的 GPIO，包括初始化序列。

(2) 编写 OLED 的显示函数。

(3) 编写主函数。

1. OLED 对应的 GPIO 的初始化函数

对 I/O 口初始化使用了宏定义 OLED_MODE 来决定要设置的 I/O 口，然后就是按照厂家提供的资料初始化序列。要说明的是，因为 OLED 是无背光的，在初始化之后，把显存都清空了，所以在屏幕上是看不到任何内容的，就像没通电一样，不要以为这就是初始化失败，写入数据之后模块才会显示。OLED_Init 函数代码如下：

```
//初始化 SSD1306
void OLED_Init(void)
{
    GPIO_InitTypeDefGPIO_InitStructure;
    RCC_APB2PeriphClockCmd(RCC_APB2Periph_GPIOB | RCC_APB2Periph_GPIOC, ENABLE);
    #if OLED_MODE == 1
    RCC_APB2PeriphClockCmd(RCC_APB2Periph_AFIO, ENABLE);                //使能 AFIO 时钟
    GPIO_PinRemapConfig(GPIO_Remap_SWJ_JTAGDisable, ENABLE);
    //JTAG-DP 失能+SW-DP 使能
    GPIO_InitStructure.GPIO_Pin=GPIO_Pin_0 | GPIO_Pin_1 | GPIO_Pin_2 | GPIO_Pin_3 |
GPIO_Pin_4 | GPIO_Pin_5 | GPIO_Pin_6 | GPIO_Pin_7;
    GPIO_InitStructure.GPIO_Mode=GPIO_Mode_Out_PP;                      //推挽输出
    GPIO_InitStructure.GPIO_Speed=GPIO_Speed_50 MHz;
    GPIO_Init(GPIOB, &GPIO_InitStructure);
    GPIO_Write(GPIOB, 0xFFFF);
    GPIO_InitStructure.GPIO_Pin=GPIO_Pin_6 | GPIO_Pin_7 | GPIO_Pin_8 | GPIO_Pin_9;
    GPIO_InitStructure.GPIO_Mode=GPIO_Mode_Out_PP;                      //推挽输出
    GPIO_InitStructure.GPIO_Speed=GPIO_Speed_50 MHz;
    GPIO_Init(GPIOC, &GPIO_InitStructure);
    GPIO_SetBits(GPIOC, GPIO_Pin_6 | GPIO_Pin_7 | GPIO_Pin_8 | GPIO_Pin_9);
            //如果每一位决定一个 GPIO_Pin，则可以通过或的形式来初始化多个 I/O
    #else
    GPIO_InitStructure.GPIO_Pin=GPIO_Pin_0 | GPIO_Pin_1;
    GPIO_InitStructure.GPIO_Mode=GPIO_Mode_Out_PP;                      //推挽输出
    GPIO_InitStructure.GPIO_Speed=GPIO_Speed_50 MHz;
    GPIO_Init(GPIOB, &GPIO_InitStructure);
    GPIO_InitStructure.GPIO_Pin=GPIO_Pin_7;
    GPIO_InitStructure.GPIO_Mode=GPIO_Mode_AF_OD;                       //推挽输出
    GPIO_Init(GPIOB, &GPIO_InitStructure);
```

```
        GPIO_Write(GPIOB, 0x03);
        GPIO_InitStructure.GPIO_Pin=GPIO_Pin_8 | GPIO_Pin_9;
        GPIO_InitStructure.GPIO_Mode=GPIO_Mode_Out_PP;                    //推挽输出
        GPIO_InitStructure.GPIO_Speed=GPIO_Speed_50 MHz;
        GPIO_Init(GPIOC, &GPIO_InitStructure);
        GPIO_SetBits(GPIOC, GPIO_Pin_8 | GPIO_Pin_9);
    #endif
        OLED_WR_Byte(0xAE, OLED_CMD);        //关闭显示
        OLED_WR_Byte(0xD5, OLED_CMD);        //设置时钟分频因子，振荡频率
        OLED_WR_Byte(80, OLED_CMD);          //[3:0]为分频因子；[7:4]为振荡频率
        OLED_WR_Byte(0xA8, OLED_CMD);        //设置驱动路数
        OLED_WR_Byte(0x3F, OLED_CMD);        //默认 0x3F(1/64)
        OLED_WR_Byte(0xD3, OLED_CMD);        //设置显示偏移
        OLED_WR_Byte(0x00, OLED_CMD);        //默认为 0
        OLED_WR_Byte(0x40, OLED_CMD);        //设置显示开始行[5:0]，行数
        OLED_WR_Byte(0x8D, OLED_CMD);        //电荷泵设置
        OLED_WR_Byte(0x14, OLED_CMD);        //bit2，开启/关闭
        OLED_WR_Byte(0x20, OLED_CMD);        //设置内存地址模式
        OLED_WR_Byte(0x02, OLED_CMD);        //
        OLED_WR_Byte(0xA1, OLED_CMD);        //段重定义设置，bit0 为 0 时 0->0，为 1 时 0->127
        OLED_WR_Byte(0xC0, OLED_CMD);        //设置 COM 扫描方向
        OLED_WR_Byte(0xDA, OLED_CMD);        //设置 COM 硬件引脚配置
        OLED_WR_Byte(0x12, OLED_CMD);        //[5:4]配置
        OLED_WR_Byte(0x81, OLED_CMD);        //对比度设置
        OLED_WR_Byte(0xEF, OLED_CMD);        //1~255；默认 0x7F(亮度设置，越大越亮)
        OLED_WR_Byte(0xD9, OLED_CMD);        //设置预充电周期
        OLED_WR_Byte(0xf1, OLED_CMD);        //[3:0]为 PHASE1；[7:4]为 PHASE2
        OLED_WR_Byte(0xDB, OLED_CMD);        //设置 VCOMH 电压倍率
        OLED_WR_Byte(0x30, OLED_CMD); //[6:4]000, 0.65 × VCC; 001, 0.77 × VCC; 011, 0.83 × VCC
        OLED_WR_Byte(0xA4, OLED_CMD);        //全局显示开启; bit0:1 为开启,0 为关闭;(白屏/黑屏)
        OLED_WR_Byte(0xA6, OLED_CMD);        //设置显示方式; bit0:1 为反相显示，0 为正常显示
        OLED_WR_Byte(0xAF, OLED_CMD);        //开启显示
        OLED_Clear();
    }
```

2. 编写 OLED 显示函数

OLED 显示函数要用到 OLED_Refresh_Gram 函数。在 STM32 内部定义了一个块 GRAM：u8 OLED_GRAM[128][8]；此部分 GRAM 对应 OLED 模块上的 GRAM。在操作的时候，只要修改 STM32 内部的 GRAM 就可以了，然后通过 OLED_Refresh_Gram 函数

把 GRAM 一次刷新到 OLED 的 GRAM 上。该函数代码如下：

```
//更新显存到 LCD
void OLED_Refresh_Gram(void)
{
    u8 i,n;
    for(i=0; i<8; i++)
    {
        OLED_WR_Byte(0xb0+i, OLED_CMD);        //设置页地址(0~7)
        OLED_WR_Byte(0x00, OLED_CMD);          //设置显示位置——列低地址
        OLED_WR_Byte(0x10, OLED_CMD);          //设置显示位置——列高地址
        for(n=0;n<128;n++)
            OLED_WR_Byte(OLED_GRAM[n][i], OLED_DATA);
    }
}
```

OLED_Refresh_Gram 函数先设置页地址，再写入列地址(也就是纵坐标)，然后从 0 开始写入 128 个字节，写满该页，最后循环把 8 页的内容都写入，就实现了整个从 STM32 的显存到 OLED 显存的拷贝。

OLED_Refresh_Gram 函数还用到了一个外部函数 OLED_WR_Byte，该函数直接和硬件相关，其函数代码如下：

```
#if OLED_MODE == 1
//向 SSD1306 写入一个字节
//dat：要写入的数据/命令
//cmd：数据/命令标志，0 表示命令；1 表示数据
void OLED_WR_Byte(u8dat, u8cmd)
{
    DATAOUT(dat);
    OLED_RS=cmd;
    OLED_CS=0;
    OLED_WR=0;
    OLED_WR=1;
    OLED_CS=1;
    OLED_RS=1;
}
#else
//向 SSD1306 写入一个字节
//dat：要写入的数据/命令
//cmd：数据/命令标志 0 表示命令，1 表示数据
void OLED_WR_Byte(u8dat,u8cmd)
{
```

```
u8 i;
OLED_RS=cmd;                    //写命令
OLED_CS=0;
for(i=0; i<8; i++)
{
    OLED_SCLK=0;
    if(dat&0x80)OLED_SDIN=1;
    else OLED_SDIN=0;
    OLED_SCLK=1;
    dat<<=1;
}
OLED_CS=1;
OLED_RS=1;
}
#endif
```

这里有两个一样的函数 OLED_WR_Byte，通过宏定义 OLED_MODE 来决定使用哪一个。如果 OLED_MODE=1，就定义为并口模式，选择第一个函数；如果 OLED_MODE=0，则为 4 线串口模式，选择第二个函数。这两个函数的输入参数均为 dat 和 cmd，dat 为要写入的数据，cmd 用于表明该数据是命令还是数据。

OLED_GRAM[128][8]中的 128 代表列数(x 坐标)，而 8 代表的是页，每页又包含 8 行，总共 64 行(y 坐标)。从高到低对应行数从小到大。比如，要在 x=100，y=29 这个点写入 1，则可以用下面句子实现：

OLED_GRAM[100][4] |= 1<<2;

一个通用的在点(x，y)置 1 的表达式为

OLED_GRAM[x][7-y/8] |= 1<<(7-y%8);

其中，x 的范围为 0~127，y 的范围为 0~63。

画点的函数 void OLED_DrawPoint(u8x，u8y，u8t)的代码如下：

```
void OLED_DrawPoint(u8x, u8y, u8t)
{
    u8 pos, bx, temp=0;
    if(x>127 || y>63)return;              //超出范围了
    pos=7-y/8;
    bx=y%8;
    temp=1<<(7-bx);
    if(t)OLED_GRAM[x][pos] |= temp;
    else OLED_GRAM[x][pos] &= ~temp;
}
```

该函数有 3 个参数(x，y，t)，前两个是坐标，第三个 t 为要写入 "1" 还是 "0"。该函数实现了在 OLED 模块上任意位置画点的功能。

显示字符函数 OLED_ShowChar 的代码如下：

```
//在指定位置显示一个字符，包括部分字符
//x：0～127
//y：0～63
//mode：0 表示反白显示，1 表示正常显示
//size：选择字体 12/16/24
void OLED_ShowChar(u8x, u8y, u8chr, u8size, u8mode)
{
    u8 temp, t, t1;
    u8 y0=y;
    u8 csize=(size/8+((size%8)?1:0))*(size/2);   //得到字体一个字符对应点阵集所占的字节数
    chr=chr-";                                    //得到偏移后的值
    for(t=0;t<csize;t++)
    {
        if(size == 12) temp=asc2_1206[chr][t];           //调用 1206 字体
        else if(size == 16) temp=asc2_1608[chr][t];      //调用 1608 字体
        else if(size == 24) temp=asc2_2412[chr][t];      //调用 2412 字体
        else return;                                     //没有的字库
        for(t1=0;t1<8;t1++)
        {
            if(temp&0x80) OLED_DrawPoint(x, y, mode);
            else OLED_DrawPoint(x, y, !mode);
            temp<<=1;
            y++;
            if((y-y0) == size)
            {
                y=y0;x++;
                break;
            }
        }
    }
}
```

该函数为字符以及字符串显示的核心部分，函数中 chr=chr-"；用于得到在字符点阵数据里面的实际地址，因为取模是从空格键开始的，例如 oled_asc2_1206[0][0]，代表的是空格符开始的点阵码。接下来的代码也是按照从上到下(先 y++)、从左到右(再 x++)的取模方式来编写的，先得到最高位，然后判断是写 1 还是 0，画点；接着读第二位，如此循环，直到一个字符的点阵全部取完为止。其中涉及列地址和行地址的自增，根据取模方式来理解就可以了。

oled.h 的代码如下：

```
#ifndef__OLED_H
#define__OLED_H
#include "sys.h"
#include "stdlib.h"
//OLED 模式设置
//0:4 线串行模式(模块的 BS1，BS2 均接 GND)
//1:并行 8080 模式(模块的 BS1，BS2 均接 VCC)
#define OLED_MODE1
//OLED 端口定义
#define OLED_CSPCout(9)
//#define OLED_RSTPBout(14)          // 在 MINISTM32 上直接接到了 STM32 复位脚！
#define OLED_RSPCout(8)
#define OLED_WRPCout(7)
#define OLED_RDPCout(6)
//PB0～PB7 作为数据线
#define DATAOUT(DataValue)
{GPIO_Write(GPIOB, (GPIO_ReadOutputData(GPIOB)&0xff00) | (DataValue&0x00FF));}
                                             //使用 4 线 SPI 接口时使用
#define OLED_SCLKPBout(0)
#define OLED_SDINPBout(1)
#define OLED_CMD 0                           //写命令
#define OLED_DATA 1                          //写数据
//OLED 控制用函数
void OLED_WR_Byte(u8dat, u8cmd);
……//忽略部分函数声明
void OLED_ShowString(u8x, u8y, constu8*p);
#endif
```

OLED_MODE 的定义就在这个文件里面，必须根据自己 OLED 模块 BS1 和 BS2 的设置(目前代码仅支持 8080 和 4 线 SPI)来确定 OLED_MODE 的值。

3. 编写主函数

主函数代码如下：

```
int main(void)
{
    u8 t=0;
    delay_init();                                     //延时初始化
    NVIC_PriorityGroupConfig(NVIC_PriorityGroup_2);   // 设置中断优先级分组 2
    LED_Init();
    OLED_Init();                                      //初始化 OLED
```

```
OLED_ShowString(2, 0,"ILoveChina", 24);
OLED_ShowString(3, 25, "8080 MODE OLED", 16);
OLED_ShowString(3, 45, "Xi'an 2022/6/6", 12);
OLED_Refresh_Gram();                              //更新显示到 OLED
t=';
while(1)
{
    OLED_ShowChar(88, 53, t, 12, 1);              //显示 ASCII 字符
    OLED_ShowNum(100, 53, t, 3, 12);             //显示 ASCII 字符的码值
    OLED_Refresh_Gram();                         //更新显示到 OLED
    t++;
    if(t>'~')      t=' ';
    delay_ms(500);
    LED0 =! LED0;
}
}
```

该部分代码用于在 OLED 上显示一些字符，效果是从空格键开始不停地循环显示 ASCII 字符集，并显示该字符的 ASCII 码值。

8.2.4 工程编译与调试

将代码下载到开发板后，可以看到 LED0 不停地闪烁，提示程序已经在运行了。OLED 模块的显示效果如图 8-18 所示。

图 8-18 OLED 显示效果

OLED 显示了 24×12、16×8 和 12×6 三种尺寸的字符，实现了三种不同尺寸 ASCII 字符的显示。

举 一 反 三

1. 在本任务基础上实现其他 ASCII 字符或汉字显示。(温馨提示：按照前面所介绍的取模软件的使用方法取模，然后在驱动程序内修改即可。)

2. 试将前面章节的任务用 TFTLCD 彩屏显示或 OLED 显示。

3. 使用取模软件获得图片数据，并使用 OLED 进行显示。

4. 查阅资料，使用 SPI 接口的 LCD 屏幕显示 ADC1 CH1 的模拟量。

5. 查阅资料，使用 SPI LCD 显示串口接收的文字信息或者图片数据。